KB150672

더 기묘한
수학책

더 기묘한 수학책

WEIRDER MATHS

데이비드 달링 ✦ 아그니조 배너지 지음

고호관 옮김

MID

수학은 기묘한 것이다. 10대 수학 천재 아그니조 배너지와 그의 스승이자 과학 작가인 데이비드 달링은 수학에 대한 이국적이고 특이한 사실로 이 책을 가득 채운다.

_BBC SCIENCE FOCUS

숙련된 과학 작가와 젊은 수학 천재의 훌륭한 조합은 열정, 명료함, 그리고 흥미를 매 페이지에 내뿜는 결과를 낳았다. 이상하지만 정말 멋진 읽을거리이다.

_바비 시걸(『숫자, 삶을 바꾸는 마법』 저자)

수학이라는 우주에서 가장 이국적인 장소들로 떠나는 위대한 여정. 『더 기묘한 수학책』은 신나고, 재미있으며, 독자가 숫자의 세계를 폭넓게 이해할 수 있는 시야를 제공할 것이다.

_마이클 브룩스(『수학은 어떻게 문명을 만들었는가』 저자)

이 책을 읽는 이유가 지식이나 정보를 얻기 위해서든, 수학에 흥미를 느끼기 위해서든, 수학 영재의 수학 사고법이 궁금해서든, 수학이 좋아서든, 이 책을 읽고 나면 바로 그 이유로 다른 이에게 추천할 것이다.

수학의 세계에 한발 들여놓고 싶다면 주저하지 말고 읽어라. 그 내용을 곱씹을수록 수학의 매력에 기묘하게 빠져들 것이다.

_조가현(수학동아 편집장)

목차

환한 대낮에 수학자들은 방정식과 증명을 확인하며 온갖 수단을 써서 엄밀성을 추구한다. 하지만 밤이 되고 보름달이 뜨면 꿈속에서 별들 사이를 떠다니며 천상의 기적을 보고 놀라워한다. 수학자는 그렇게 영감을 얻는다. 꿈이 없다면, 예술도, 수학도, 삶도 없다.

- 마이클 아티야

수학은 이해하는 게 아니다. 그냥 익숙해지는 것이다.

- 존 폰 노이만

이 책에서 우리는 지난번에 『기묘한 수학』에서 떠났던 모험에 이어 두 번째로 수학에서 가장 기상천외하고, 매혹적이고, 완전히 독특한 영역으로 들어가게 된다. 앞으로 기괴한 도형과 수의 땅에 도전하고, 걸리버처럼 매우 작거나 환상적으로 큰 왕국을 탐험하고, 비비 꼬이고 구불구불한 통로를 따라 헤매면서 인류의 정신이 맞닥뜨린 가장 위대한 도전을 직접 만나볼 것이다.

수학은 우리 대부분의 생각보다 훨씬 더 방대한 주제다. 무서울 정도로 방대해서 어쩌면 우리의 머리로는 내다보는 데 한계가 있는 게 다행일지도 모른다. 수학은 우리 삶의 모든 측면에 스며들어있고 과학과 기술뿐만 아니라 음악과 우리를 둘러싼 예술과 형태, 패턴, 움직임, 심지어는 우리가 하는 게임까지도 지탱하고 있다. 프린스턴대학교 대학원 수업에서 푸는 복잡한 방정식 무더기처럼 어려울 수도 있고, 어린아이가 비눗방울을 부는 것처럼 쉬울 수도 있다. 수학은 우리를 둘러싼 우주의 모든 측면에 들어가 있고, 현실의 기반을 이루고 있기 때문에 사실상 우리는 매 순간 수학을 하는 셈이다. 그중 일부는 1, 2, 3이나 원의 대칭성처럼 익숙하다. 하지만 대부분의 수학은 터무니없고, 현혹적이고, 아름답고, 다양하며, 이상하다. 수학의 경이와 기묘함에는 말 그대로 경계가 없다.

작가 집단이라고 하기에 우리는 조금 특이하다. 우리 중 한 명(데이비드)은 전문적인 물리학자 겸 천문학자로 지난 35년 동안 우주론에서 의식에 이르기까지 온갖 분야에 관한 책을 썼다. 다른 한 명(아그니조)는 10대 수학 신동으로 몇 년 전부터 데이비드에게 개인 교습을 받았고, 2018년에는 국제수학올림피아드에서 42점 만점으로 공동 1위에 올랐다. 최근에는 케임브리지대학교에서 계속 수학을 공부하고 있다. 3년 전쯤 우리는 서로 분담해서 〈기묘한 수학〉을 쓰기 시작했고, 각자 상대방의 글을 확인했다. 아그니조는 수학 자체에 초점을 맞추었고, 데이비드는 글을 명확하게 가다듬고 역사와 인물에 관한 세부 내용을 추가하는 데 집중했다. 이 공동 작업은 아주 성공적이었고 비교적 부담이 덜해서 후속편에서도 다시 시도한 것이다!

이 분야에서는 아주 많은 일이 벌어지고 있어서 - 새로운 발견이 등장하는 속도는 현기증이 날 정도다 - 우리는 〈더 기묘한 수학〉에서 장을 추가했다. 그러나 우리의 목표는 똑같다. 수학에서 가장 특이하고, 흥미롭고, 중요한 아이디어를 일반 독자에게 보여주는 것이다. 설명하기 어려워 보인다는 이유로 어떤 주제를 회피하지는 않을 것이다. 우리가 끊임없이 하고자 하는 말은 올바른 언어로 나타낸다면 누구나 수학을 이해할 수 있다는 것이다. 또, 우리는 틈만 나면 수학이 일상생활과 어떻게 관련이 있는지 과학을 비롯한 다른 분야에 어떻게 유용하게 쓰이는지를 보여주려고 노력했다.

아주 놀라우면서도 흔히 오해를 받곤 하는 이 분야에 대한 우리의 열정이 일부라도 책에 녹아 들어갔기를 바란다. 수학이 정말로 기묘해 보일 수는 있다. 하지만 수학은 아주 인간적인 노력이고, 재미로 가득하며, 우리를 다른 동물과 구분해주는 특이한 점이기도 하다.

1장

거기서
빠져나와라

추이펀은 이렇게 말한 적이 있을 겁니다. "은퇴해서 책을 쓰겠습니다."
또 언젠가는 이렇게 말했을 겁니다. "은퇴해서 미로를 만들겠습니다."
모두가 그게 두 가지 일이라고 상상했습니다. 누구도 책과 미로가 하나
로 동일한 것이라는 생각은 못했습니다.

                                                    - 호르헤 루이스 보르헤스

가장 유명한 미로는 아마도 존재한 적이 없을 것이다. 그리고 크레타의 동전에 새겨진 모양이 믿을 만하다면, 설령 존재했었다고 해도 쉽게 해결할 수 있었을 것이다. 이야기에 따르면, 다이달로스라는 건축가는 크레타의 미노스 왕의 명으로 미노타우로스를 가둘 수 있는 구불구불한 통로인 미궁을 만들었다. 인간의 몸에 소의 머리를 한데다가 으레 그렇듯이 성질도 사나운 이 괴물은, 바다의 신인 포세이돈이 미노스 왕에게 선물한 하얀 황소와 미노스의 아내 사이에서 태어났다. 미노스 왕은 아테네를 전투에서 물리친 뒤 그 벌로 주기적으로 젊은 남녀를 미궁 중심부에 사는 괴물에게 바치게 했다. 어느 한 해에 아테네의 테세우스라는 영웅이 먹이로 바치는 젊은이들 사이에 끼어 들어가

미노스 왕의 딸인 아리아드네가 준 실뭉치를 풀어가며 무서운 미궁 속으로 들어갔다. 테세우스는 결국 미노타우로스를 해치우고 실을 따라 다시 입구로 탈출했다.

미궁과 미로, 어떤 점이 다를까

미노스의 미궁이 어떻게 생겼는지 우리는 알 수 없다. 어차피 아마도 창의력의 실제 산물이라기보다는 꾸며낸 전설일 것이다. 우리가 실제로 볼 수 있는 건 기원전 300~기원전 100년 전의 크레타 동전이다. 이 동전에는 그 유명한 미노타우로스의 거처를 나타내는 것으로 추정되는 도안이 있다. 대부분은 비교적 단순하지만 독창적인 문양이다. 보통 일곱 단계 또는 여덟 단계로 된 외길 미로의 형태다. 단계의 수는 바깥쪽에서 최종 목적지까지 선을 그었을 때 중심까지 가는 경로와 몇 번 교차하는지를 나타낸다. '외길'은 들어갔다가 나오는 길이 단 하나밖에 없다는 뜻이다. '미로(Maze)'와 '미궁(labyrinth)'을 구분하는 건 여러분이 어떤 정의를 선택하느냐에 달려 있다.

어떤 언어에는 미로나 미궁을 뜻하는 단어가 하나밖에 없다. 예를 들어, 스페인어 단어 'laberinto'는 둘 모두를 나타낸다. '미로(Maze)'는 '헷갈린다' 혹은 '뒤죽박죽이다'를 뜻하는 옛 영어다. 반면 '미궁(labyrinth)'은 그리스어 단어 labyrinthos에서 유래했다는데, 그 어원에는 논란의 여지가 있다. 몇몇 학자는 옛 리디아의 단어로 왕권의 상징인 '양날 도끼'를 뜻하는 labrys와 관련이 있다고 생각한다. 이 이론을 따르자면 미궁은 '양날 도끼의 궁

미로(좌측)과 미궁(우측)의 차이. 미로는 미궁과 달리 입구와 출구, 막다른 길이 여러 개 있을 수 있다.

전(미노스의 왕이 사는 곳)'의 일부였다. 이건 가설적이고 의문의 여지가 있는 추측이다. 어쨌든 우리는 정의를, 그리고 할 수 있다면 미궁과 미로를 어떻게 구분할 것인지를 선택해야 한다.

　우리는 주로 수학적인 이유로 미궁은 미로의 한 특별한 유형인 '외길 미로'라고 가정할 것이다. 그러면 미궁은 어느 길로 가거나 나갈지(들어온 길로 돌아가는 것 빼고) 선택할 여지가 없는 구불구불한 통로에 불과하게 된다. 반면 미로는 갈림길이 여럿 있을 수 있고 설계자가 원하는 만큼 헷갈리고 복잡하게 배치할 수 있다. 미로는 또한 입구와 출구, 막다른 길이 여러 개 있을 수 있다. 반면 미궁이라는 형태는 총면적 안에서 아무리 창의적으로 한참 빙빙 돌아가게 만든다 해도 갈림길 없이 중심으로 이어졌다가 다시 똑같은 길로 나오는 통로에 불과하다. 입구와 출구가 따로 있지 않고 하나뿐이다.

벨기에 왈로니아 지역 로슈포르의 생레미 성모 수녀원에 있는 샤르트르 형식의 미궁.

미궁은 특이한 환경에서 시간을 보낼 수 있는 곳일 뿐이지 지적 도전의 대상이라고 하기는 어렵다. 그래서 "미로에 들어가면 자신을 잃지만, 미궁에서는 자신을 찾을 수 있다"라는 문구에 잘 나타나 있듯이 대개 명상의 장소로 쓰이곤 한다. 영적인 감상을 자아내는 곳에서 미궁을 찾아볼 수 있는 것도 놀라운 일이 아니다. 샤르트르 대성당의 본당 바닥에 있는 미궁이 유명한 사례다. 경계는 흑청색 대리석, 통로는 276개의 하얀 석회석으로 되어 있으며, 지름이 13m 가까이 되어 13세기 초에 건설된 이후로 여기를 찾았던 순례자처럼 구불거리는 길을 따라 걸어보기에 충분하다. 동심원 11개로 이루어진 문양의 한가운데에 미노타우로스 그림이 있었다는 소문도 있지만, 당연하게도 기독교

더 기묘한 수학책

상징이 주를 이룬다. 네 팔은 십자가의 갈래를 나타내고 구불거리는 통로는 예루살렘으로 가는 길을 상징한다. 성스러운 도시를 직접 여행할 수 없거나 그렇게 하고 싶지 않은 사람들은 이 상징을 따라 걸음으로써, 혹은 아주 신앙심이 깊다면 무릎을 꿇고 움직임으로써 좀 더 편리하게 순례 여행을 흉내 낼 수 있다. 비록 샤르트르 대성당의 것이 전 세계의 교회에 있는 미궁 중에서 가장 화려하고 아름다운 건 아니지만, 원형 격이라 할 수 있기 때문에 그와 같은 미궁을 '샤르트르 미로'라고 부른다.

미궁 탐구에 얽힌 매혹적인 수학

세계 다른 지역에서도, 선사시대와 청동기 시대부터 최근에 이르기까지 전 역사에 걸쳐 미궁 문양을 찾을 수 있다. 이미 살펴보았듯이 미궁이란 풀기 위한 퍼즐이 아니라 종교나 영적인 풍습, 의식, 행사를 위한 장치이다. 오래전에 북유럽의 어부는 풍성한 수확과 안전한 귀환을 빌며 바다로 나가기 전에 미궁을 걸었고 독일에서는 젊은이가 성인이 되는 통과 의례로 그렇게 했다고 한다. 하지만 미궁을 만들고 설계하는 동기가 그렇다고 해서 수학적인 흥미가 줄어드는 건 아니다. 비교적 작은 공간에 긴 경로를 욱여넣는 데 쓰인 기법의 교묘함과 다양함은 그 자체로도 매혹적이다. '씨앗'을 가지고 서로 다른 외길 경로를 만드는 모든 방법을 연구하는 분야도 있다. 씨앗이란 미궁을 그릴 때 출발점이 되는 대칭 모양의 곡선 문양으로, 미궁의 중심에서 바깥쪽으로 나가는 초기 경로를 결정한다. 미궁은 들어가서 처음에 꺾는 방향에 따라 왼손잡이나 오른손잡이가 될 수 있고, 수많은 회로를 가질 수 있고, 그 분야의 전문가들이 알고 있는 수십 가지 이상의 뚜렷한 형태 중에서 어느 하나가(대체로 어떤 씨앗을 선택하는지에 따라 달라진다) 될 수 있다.

외길 미로를 철저하게 분석한 최초의 수학자는 18세기의 저명한 스위스 수학자 레온하르트 오일러 Leonhard Euler다. 오일러의 관심은 자신이 1736년에 상트페테르부르크 아카데미에 제시했던 쾨니히스베르크의 다리 문제에서 비롯되었다. 당시 동프로이센의 도시 쾨니히스베르크(오늘날의 러시아 칼리닌그라드)에서 아무 곳에서나 출발해 모든 다리를 정확히 한 번씩만 건너서 다시 출발점으로 돌아올 수 있는지를 묻는 문제였다. 다리 여섯 개는 강둑과 중간에 있는 섬 두 개를 연결했고(한쪽에 세 개씩), 한 다리는 두 섬을 이었다. 오일러는 이 문제에서 수학적인 본질만 남겼고, 덕분에 풀기는 훨씬 쉬워졌다. 연결 관계와 관련된 정보만이 의미 있다는 점을 깨달았던 것이다. 각각의 땅덩어리는 점으로, 다리는 두 점을 잇는 선으로 생각할 수 있었다. 오일러는 점과 선이 어떻게 배열되어 있어도 특정 조건만 만족한다면 모든 선을 단 한 번씩만 거쳐 출발점으로 돌아올 수 있다는 사실을 증명할 수 있었다. 그 조건이란 모든 점에 연결된 선의 개수가 짝수이거나 오로지 두 점에서만 홀수여야 한다는 것이다. 쾨니히스베르크의 다리 배치는 이 규칙에 따르지 않았기 때문에 모든 다리를 한 번씩만 건너 출발점으로 돌아오는 방법을 찾는 원래 문제는 답이 없었다.

이 유명한 문제에 대한 오일러의 접근법은 일반화할 수 있다

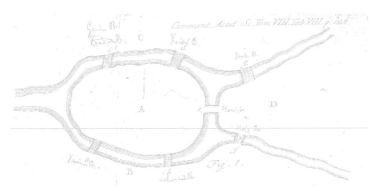

오일러가 제시한 쾨니히스베르크의 다리 문제.

는 데 그 아름다움이 있다. 오일러의 쾨니히스부르크 다리 분석은 외길 형태에 대한 최초의 명확한 수학적 정의를 제공했다. 방금 언급한 연결성의 규칙을 따르는 형태라는 것이다. 하지만 그보다 중요한 건 이 문제에 관한 오일러의 연구는 그래프 이론이라는 완전히 새로운 수학의 분야를 낳았고, 태어난 지 얼마 안 된 또 다른 주요 분야인 위상수학의 발전에도 중요했다.

그래프 이론과 위상수학은 둘 다 수학자가 다중길 미로라는 좀 더 까다로운 문제를 다룰 때 이용할 수 있는 도구다. 그런 미로는 정신적인 도전을 목적으로 만들었을 뿐만 아니라 풀기 지독하게 어렵고, 2차원이나 3차원 혹은 더 높은 차원에 존재할 수도 있으며, 처음 봤을 때는 미로처럼 보이지 않는 형태일 수도 있다.

전설을 제외하고 역사에 기록이 남아 있는 최초의 미로는 기원전 5세기의 그리스 역사가 헤로도토스가 언급한 것이다. 헤로도토스는 이집트에 있는 한 미로가 대단히 웅장해서 "그리스의 모든 작품과 건물을 합쳐도 노동력과 비용이라는 면에서는 이 미궁보다 분명히 열등할 것"이라고 표현했다. 그게 외길이라는 면에서 정말로 미궁이었는지는 알 수 없다. 하지만 헤로도토스를 믿는다면, 뜰 12개와 방 3,000개에 한쪽 면은 높이가 80m인 피라미드였던 그 미궁은 분명히 인상적이었을 것이다.

좀 더 최근의 미로 퍼즐로는 유럽의 왕족이 손님에게 여흥을 제공하거나 은밀한 회의와 밀회 장소로 사용하기 위해 소유지에 만든 것들이 있다. 1690년대에 만들어진 템스강 언저리의 햄튼 코트 궁전에 있는 미로는 아주 유명해 지금은 인기 있는 관광지가 되었다. 시야를 가릴 정도로 키가 큰 관목을 심어서 벽을 만든 미로 중 현재 영국에서 가장 오래된 것은 넓이가 약 1,330㎡에 달하지만, 풀기 어렵지는 않다. 외길은 아니어도 갈림길이 몇 군데밖에 없기 때문에 누구도 그 안에서 오랫동안 길을 잃지는 않는다. 대니얼 디포Daniel Defoe는 『런던에서 땅의 끝까지From London to Land's End』에서 이를 언급했고, 제롬 K. 제롬Jerome K. Jerome도 『보트 위의 세 남자Three Men in a Boat』에서 다루었다.

그냥 들어가는 거야. 그러면 들어가 봤다고 말할 수 있으니까. 너무 간단해서 미로라고 부르기도 우스워. 처음에 오른쪽으로 돌아서 계

영국 헤리퍼드셔의 시몬즈 와트 마을에 있는 팔각형 모양의 주빌리 미로.

속 가면 돼. 한 10분만 걸으면 될 거야. 그리고 나와서 점심 먹으러 가는 거야.

스트라 미궁은 그보다 훨씬 더 복잡하다. 베네치아 바로 바깥쪽에 있는 빌라 피사니에 있는 이 미로는 1720년에 생겼는데, 세계에서 가장 어렵기로 손꼽히는 공개 미로로 유명하다. 영리하며 비범한 수학자였던 나폴레옹도 여기서 당황했다는 이야기가 있다. 그러나 출입구와 갈림길이 여러 개인 이 멋진 동심원 미로를 통과하면 중심에 있는 탑의 나선 계단을 올라가 전체 모습을 한눈에 바라볼 수 있다.

미국에는 신기록을 세운 미로가 두 개 있다. 하와이에 있는

돌 플랜테이션의 거대한 파인애플 정원 미로는 14,000그루의 열대 식물로 벽을 세워 만든 4km의 길로 2008년에 세계에서 가장 긴 미로가 되었다. 한편, 이에 질세라 캘리포니아 딕슨에 있는 쿨 패치 펌킨스는 옥수수로 미로를 만들어 일시적인 것으로는 가장 큰 미로로 기네스북에 올랐다. 몇몇 방문객은 미로에서 헤매다가 문을 닫기 전에 빠져나가지 못할까 봐 무서워서 911에 전화해 구조를 요청하기도 했다!

미로를 성공적으로 통과하는 방법

자, 그러면 여러분이 아무런 정보도 없이 처음으로 미로에 들어갔다고 하자. 여러분은 미로가 얼마나 큰지, 얼마나 복잡한지 전혀 모른다. 벽은 너무 높아서 그 너머를 볼 수 없고, 정보를 교환할 다른 사람도 없다. 여러분이 들은 내용은 목적지(퍼즐을 풀기 위해 도달해야 하는 중심부의 어떤 장소)가 있으며 그곳으로 가는 길이 적어도 하나는 분명히 있다는 것뿐이다. 고전적이고 간단한 방법은 '벽 따라가기'다. 미로의 한쪽 벽에 손을 댄 채로 계속 걸어가는 것이다. 끝내는 목적지에 도착하게 해준다는 점에서는 많은 경우에 효과가 있다. 하지만 두 가지 단점이 있다. 첫째, 시간이 아주 많이 걸릴 수 있다. 둘째, 만약 미로에 빙빙 도는 길과 바깥쪽 벽으로 이어지지 않는 막다른 길이 있다면 이 방법은 완전히 실패한다. 여러분을 절대 실망시키지 않으면서 미로를 해결하는 체계적인 방법의 열쇠는 수학에 있다.

오일러의 사례를 따르면, 미로를 성공적으로 통과하는 첫 번째 단계는 미로를 추상적인 형태로 변형하는 것이다. 네트워크 위상수학이라는 분야에서 나온 아이디어를 이용하면 그렇게 할 수 있다. 미로를 통과할 때 중요한 건 '선택할 수 있는 지점 – 결정 지점이라 한다 – 에서 어떻게 하느냐' 뿐이다. 첫 번째 결정 지점은 미로 입구에 있다. 들어갈지 말지 선택할 수 있기 때문이다! 멈추거나 돌아가는 선택만 가능하지만 막다른 길 역시 결정 지점이다. 이보다 더 흥미로운 결정 지점은 길이 두 갈래 이상으로 갈라지고 그중에서 선택해야 하는 곳이다. 만약 미로를 네트워크로, 즉 점과 점 사이를 잇는 선으로 나타낸다면, 해결 방법(입구에서 중심까지 가는 가장 좋은 길)을 쉽게 찾을 수 있다. 런던 지하철처럼 복잡한 지하철 노선은 미로와도 같고 여기에 익숙하지 않은 사람은 혼란스럽다. 하지만 정거장 벽이나 차량 안에 있는 네트워크 다이어그램 지도를 보면 어느 역에서 목적지 역으로 어떻게 갈 수 있는지 명확하게 알 수 있다.

그러나 지금 우리는 여러분이 그런 지도의 도움을 받지 못하는 상태로 미로에 들어갔다고 가정하고 있다. 이럴 때 팝콘과 땅콩 한 봉지가 있으면 참 좋을 것이다. 길을 잃었을 때 먹으려는 게 아니다! 걸어온 길을 따라 팝콘과 땅콩을 놓아 오일러가 쾨니히스부르크 문제를 연구하다가 알게 된 사실을 이용하기 위해서다. 결정 지점에서 어떤 선택을 했더라도 한 번 갔던 길을 두 번 넘게 가지 않는 게 핵심이다.

방법은 이렇다. 걸어가면서 팝콘으로 흔적을 남기고 결정 지점마다 팝콘을 남긴다. 그러면 어떤 길로 움직였는지, 그 지점에 왔었는지 알 수 있을 것이다. 만약 어떤 길을 두 번째로 가기로 했다면, 이번에는 땅콩으로 흔적을 남긴다. 이미 땅콩으로 표시한 길을 마주치면 그쪽으로는 다시 가지 않는 게 규칙이다. 이제 전문용어가 좀 나온다. 만약 여러분이 팝콘이 없는 결정 지점에 도착한다면, 이곳을 '새 마디점'이라고 부르자. 그리고 팝콘 하나를 놓아 '옛 마디점'으로 만든다. 마찬가지로 여러분이 팝콘이 없는 길을 마주친다면, 이 길을 '새 길'이라고 부르고 가면서 팝콘을 놓는다. 다음에 다시 이 길을 걸을 때는 땅콩을 놓고, 그 길은 '옛 길'이 된다.

여기까지 기억했다면, 다음과 같이 미로를 해결할 수 있다. 입구에서 아무 길이나 고른다. 새 마디점이 나오면 아무 새 길이나 따라간다. 새 길을 따라가다가 옛 마디점이나 막다른 길이 나오면 온 길을 되돌아간다. 옛 길을 걷다가 옛 마디점을 만나면 새 길을 따라가고, 만약 새 길이 없다면 옛 길로 간다. 한 길을 두 번 가서는 안 된다. 이런 방식을 따르면, 그리고 팝콘과 땅콩이 충분하다면, 여러분은 중심에 도달하게 된다. 그리고 뒤돌아서 팝콘만 놓여 있는 경로를 따라가면 다시 밖으로 나올 수 있다.

어떤 문제를 확실하게 해결할 수 있는 일련의 명확한 지시를 알고리즘이라고 한다. 미로를 해결하는 이 알고리즘은 그걸 처음 설명했던 19세기 프랑스 수학자 샤를 트레모의 이름을 따 트레모 알고리즘이라고 불린다. 오늘날에는 깊이 우선 검색 Depth-First Search: DFS이라는 방법의 한 가지 유형으로 인정받고 있다. 깊이 우선 탐색이란 수학에서 트리나 그래프라고 하는 데이터 구조를 검색하는 데 쓰이는 방법이다. 이 두 구조는 모두 점 혹은 마디점과 그 사이를 잇는 선, 즉 '변'으로 이루어져 있다. 특히 앞서 언급했듯이 오일러의 쾨니히스베르크 문제 연구에서 나온 그래프 이론은 미로를 해결하는 데 유용한 수많은 알고리즘의 원천이다. 또한 루빅스 큐브처럼 겉보기에는 전혀 미로처럼 보이지 않는 미로 문제를 표현할 수 있는 강력한 도구이기도 하다.

놀랍게도, 평범한 $3 \times 3 \times 3$ 루빅스 큐브는 가능한 배열의 수가 43,252,003,274,489,856,000가지다. 이와 같은 각 배열은 극악무도할 정도로 복잡한 미로의 결정 지점에 상응한다. 아무렇게나 큐브를 돌리는 건 행성만 한 미로에서 술에 취해 비틀거리며 중심에 도달하기를 바라는 것과 같다. 합리적인 시간 안에 퍼즐을 해결하는 열쇠는 이미 제자리에 있는 조각을 건드리지 않으면서 더 많은 조각을 옮기는 알고리즘을 적용하는 데 있다.

그래프 이론에는 그래프 지름이라는 개념이 있다. 되돌아가는 경우, 우회하는 경우, 계속 빙빙 도는 경우를 무시하고 어느 한 마디점에서 다른 마디점으로 이동하기 위해 거쳐야 하는 마디점 개수의 최댓값을 말한다. 루빅스 큐브의 경우 이것은 임의의 초기 배열(가장 무작위로 섞인 최악의 경우를 포함하여)로 시작해 퍼즐을 해결하기 위해 움직여야 하는 횟수의 최댓값과 같다. 큐브가 발명된 건 1974년이었지만, 때때로 신의 수라고 불리는 큐브의 그래프 지름을 계산할 수 있게 된 건 2010년이었다. 마침내 구글 연구팀이 35CPU년 의 작업을 통해 답을 찾아냈던 것이

....

* CPU로 할 수 있는 작업의 양을 나타내는 단위, 1CPU년은 1기가플롭스의 연산 능력이 있는 CPU가 1년에 할 수 있는 작업의 양 - 역자

다. 답은 고작 20이었다. 이 놀라울 정도로 작은 수는 최고 수준의 스피드 큐브 선수가 어떻게 5초 이내에 큐브를 맞출 수 있는지를 설명해준다. 적어도 물리적으로 어떻게 가능한지는 알 수 있다. 그렇게 대단히 효율적일 수 있는 진짜 비결은 끝없이 연습하고 여러 가지 효율적인 알고리즘 전략의 단계를 암기하는 것이다. 눈을 가리고 퍼즐을 풀 수 있으려면 여기에다 뛰어난 기억력까지 있어야 한다.

자연의 미로와 지적인 도전

때때로 복잡한 미로는 자연에서도 생겨나 사람들이 흔히 길을 잃게 만든다. 사우스플로리다에서는 높이가 2m에 달하는 맹그로브 나무가 뚫고 지나갈 수 없을 정도로 두꺼운 벽을 이루어 구불구불한 통로를 만든다. 수로가 길지는 않지만, 가이드나 지도 없이 카약을 타고 들어간 사람은 몇 시간 동안 빙빙 돌게 되기 쉽다. 천연 미로가 되는 지형이 종종 인기 있는 관광 명소가 되기도 한다. 사우스다코타의 래피드시티 근처, 블랙힐스에 있는 록 메이즈에는 거대한 화강암 덩어리가 갈라져서 좁고 구불구불한 통로가 생긴 곳이 있다.

만약 동굴이 구불거리며 서로 복잡하게 이어지면서 지하에 미로가 생기면 3차원이라는 난관이 더 생길 수 있다. 우크라이나의 코롤리프카 근처에 있는 옵티미스티츠나 동굴이 아주 대

---

* 세계 기록은 임의의 초기 배열로부터 4.22초로, 2018년에 22세의 호주인이 세웠다.

미국 켄터키에 있는 매머드 동굴의 로툰다 룸.

표적인 사례다. 최근이라고 할 수 있는 1966년에야 발견된 이 동굴은 두께가 30m에 불과한 석고층 안에 있으며, 동굴 대부분을 이루는 통로는 기껏해야 너비가 3m에 높이가 1.5m다. 하지만 교차점에서는 높이가 더 높아지기도 한다. 오늘날까지 지도에 기록된 동굴의 길이는 265km 이상으로, 세계에서 다섯 번째로 길다. 세계에서 가장 - 그것도 큰 격차로 - 긴 동굴은 켄터키 중부에 있는 매머드 동굴로 3억 년 이상 거슬러 올라가는 석회암에 총 663km에 달하는 통로가 나 있다.

　1970년대 초에 매머드 동굴의 탐사 지도를 만드는 데 참여한 아마추어 동굴 탐험가 중에 볼트, 베라넥&뉴먼이라는 R&D기업에 다녔던 월 크로더Will Crowther라는 프로그래머가 있었다.

크로더는 아르파넷(인터넷의 전신)을 처음에 개발했던 작은 팀의 일원이었다. '던전 앤 드래곤'이라는 테이블톱 롤플레잉 게임 TRPG의 팬이었던 크로더는 자신의 동굴 탐사 컴퓨터 시뮬레이션에 판타지 롤플레잉 게임의 요소를 결합하는 아이디어를 떠올렸다. 그 결과물이 1975년과 1976년에 개발한 '콜로설 케이브 어드벤처Colossal Cave Adventure'로, 흔히 '어드벤처' 또는 (실행 파일의 이름을 딴) Advent로 불리게 되었다. 스탠퍼드대학교의 대학원생이었던 돈 우즈Don Woods는 크로더의 700줄짜리 초기 포트란 코드를 확장하며 자신이 좋아하는 톨킨Tolkien의 작품에 기반한 판타지 아이디어와 설정을 덧붙였다. 1977년에 완성된 어드벤처 정식판은 미국을 비롯한 여러 지역의 프로그래머 사이에서 널리 퍼졌다. 코드 3,000줄과 1,800줄의 데이터가 있었는데, 거기에는 140개의 지역, 293개의 단어, 53개의 물체(그중 15개는 보물이었다), 여행 설정표, 다양한 메시지가 들어있었다. 그중 가장 유명해진 메시지는 다음과 같다. "당신은 전부 비슷비슷하게 생긴 구불거리는 작은 통로로 된 미로 안에 있다." 펜과 종이로 이 미로의 지도를 그리는 방법을 찾아내는 것도 이 게임의 즐거움 중 하나다. 유용한 방법 한 가지는 한 가지는 미로 속을 가는 동안 나오는 방에 물체를 놓아 지표로 삼는 것이다.

동굴 미로 이야기를 하면서 크레타 남쪽의 고르틴에 있는 채석장 아래의 라비린토스 동굴을 언급하지 않을 수는 없다. 이곳은 크노소스의 미노스 궁전에서 고작 30km 정도 떨어져 있다. 몇몇 연구자는 이 많은 방과 터널이 미노타우로스 전설의 진짜 원천일 수도 있다고 주장한다. 방문객은 서로 뒤얽히며 이어지

더 기묘한 수학책

다가 가끔 제단실처럼 커다란 방이 나오는 통로를 4km까지 탐사할 수 있다. 이 천연 미로가 그 유명한 전설에 영감을 주었는지는 아마 결코 알 수 없을 것이다. 하지만 라비린토스 동굴은 그 자체로도 매혹적인 역사적 사건과 관련이 있다. 가령 루이 16세의 첩자들은 그곳에서 비밀 작전을 수행했고, 제2차 세계대전 때는 나치가 그곳을 비밀 무기고로 쓰기도 했다.

심리학자는 미로를 이용해 동물의 인지 능력을 실험하고, 인공지능 연구자는 로봇이 가장 효율적인 방법으로 미로를 통과할 수 있게 만든다. 인터넷이라고 하는 미로는 인간의 정신이 만들어 낸 가장 정교한 창조물이며, 인간의 정신 또한 서로 이어진 채 우리 뇌를 이루는 뉴런의 미로에서 생겨난다. 흥미롭게도, 존스홉킨스대학교의 제임스 크니어림James Knierim과 동료 연구자들은 우리가 전에 만난 적이 있는 어떤 사람의 얼굴을 기억하려고 애를 쓸 때와 같은 몇몇 상황에서 우리 뇌가 미로를 빠져나가는 쥐와 비슷한 방식으로 작동한다는 사실을 알아냈다. 해마의 각기 다른 부위가 두 가지 서로 다른 결론에 도달한다. 친숙한 얼굴이거나 낯선 얼굴이거나. 그러면 뇌의 다른 부위들이 투표로 결정을 내린다. 연구진은 쥐에게 어떤 미로를 알아볼 수 있게 가르친 뒤 나중에 미로의 몇 가지 지표를 살짝 바꾸었을 때 쥐의 뇌에서도 비슷한 의사 결정 과정이 일어난다는 사실을 알아냈다.

지적인 도전으로 미로를 만들거나 명상을 위해 미궁을 만들 때 우리는 우리 뇌의 성질과 뇌가 작동하는 방식을 외면화한다고 할 수 있다. 아르헨티나의 작가 호르헤 루이스 보르헤스Jorge

Luis Borges는 미로를 시간과 정신, 물리적인 현실을 포함한 이 세상의 커다란 수수께끼에 대한 은유로 꾸준히 사용했다. 이 장의 맨 앞에서 인용한 구절의 출처는 보르헤스의 단편 「두 갈래로 갈라지는 오솔길들의 정원」(1941)이다. 한편, 『자신의 미로에서 죽은 이븐 하캄 알 보크하리』(1951)에서 등장인물 중 한 명인 수학자 언윈은 이렇게 말한다. "우주 전체가 미로이니 구태여 미로를 만들 필요는 없어."

2장

사라지는 점

나는 아무것도 아닌 것에 관해 이야기하는 게 좋다. 그건 내가 아는 유일한 것이다.

- 오스카 와일드

영(0). 별것 없다. 만약 그게 여러분 통장의 잔고이거나 여러분이 받은 생일 축하 카드의 수라거나 이월되어서 당첨금이 커진 로또에 당첨될 확률이라고 하면 정말로 별 볼 일 없는 수다. 동시에 0이 무엇인지도 명확해 보인다. 우리는 모두 0이 무슨 뜻인지 알고 있고 그 존재를 당연하게 여긴다. 수학자가 0 없이 살아야 했던 시절이 있었고, 사실 0을 발견해야 – 관점에 따라서는, 발명해야 – 했다는 사실은 상상하기 어렵다.

물론 직관적으로 생각하면 0이라는 개념은 선사시대까지 거슬러 올라간다. 초기 인간(혹은 동물)도 음식이 없거나 집이 없는 게 뭔지는 알 수 있었다. 아무것도 없거나 아무것도 없게 될지도 모른다는 두려움은 우리의 생존 본능을 자극한다.

철학자에게 있어 0, 그리고 0이라는 개념은 오랫동안 매혹적인 주제였다. 공허라는 관념은 많은 동양 철학에서 특히 중요한 역할을 했다. 예를 들어, 일부 불교에서 공（空）은 모든 의식적인 생각, 지각마저도 버리고 오로지 그 순간의 순수한 의식만 남긴 마음의 상태를 말한다. 가령 궁선도 수련자는 활을 쏘는 동작에만 초점을 맞추기 위해 그런 마음의 상태를 추구한다.

아리스토텔레스 학파 같은 다른 학파에 따르면 무（無）는 있을 수 없는 일이었다. 무（無）는 분명히 존재할 수 없다는 주장이었다. 그건 본질적으로 존재(공간과 시간, 물질, 에너지를 포함한)의 반대였다. 언제나 무언가는 있어야 했다. 아리스토텔레스는 이런 입장에서 우주가 영원하다고 주장했다. 만약 언젠가 만들어졌다면 그 이전은 자신이 인정할 수 없는 한 가지 – 공허 – 일 수밖에 없었기 때문이다. 다른 저명한 그리스인들은 동의하지 않았다.

데모크리토스와 그 추종자들은 모든 물질이 원자로 이루어졌다고 생각했다. 따라서 원자가 움직일 공간을 제공할 공허가 있어야 한다고 주장했다. 시간이 흘러 과학자들이 원자의 존재를 알게(비록 고대 원자론자들의 생각과는 아주 달랐지만) 되었지만, 꾸준히 명맥을 유지하며 중세 유럽의 사상을 지배한 건 아리스토텔레스 철학이었다. 중세의 가톨릭 교회는 공허를 너무나 두려워해 아리스토텔레스를 창세기보다도 앞에 놓았다. '자연은 진공을 싫어한다'가 이 세계관을 잘 보여주는 말이었다. 그래서 초기의 과학자들은 설령 진공이 발생하더라도 진공은 스스로의 내부를 채워 무서운 공허를 회피하기 위해 물질을 끌어당기는 힘을 발휘한다고 추측했다.

수학에서는, 초기부터 아무것도 없음, 혹은 0이라는 개념이 워낙 익숙하다 보니 그게 역사 기록에 처음 등장하기까지 그렇게 오래 걸렸다는 사실이 이상해 보일 정도다. 사실 수학은 물건을 몇 개 가지고 있는지, 빚을 졌는지, 빌려준 게 있는지를 파악하거나 대상의 크기를 알아내기 위한 순수하게 실용적인 용도로 출발했다. 내게 말 18마리와 양 43마리가 있다는 사실을 헤아릴 방법이 필요할 수 있다. 그리고 몇 마리 더 사거나 팔면 몇 마리가 남는지도. 하지만 내가 가지고 있지도 않은 물건을 헤아리거나 높이가 없는 벽을 세우는 데 벽돌이 몇 개 필요할지 알아낼 필요가 있을까? 수학 문제는 추상적인 세계가 아닌 실생활에 단단히 뿌리를 내리고 출발했다. 수학은 상인과 정부 회계사, 건축가의 도구였고, 따라서 수는 오늘날보다 훨씬 더 실질적인 의미를 갖고 있었다. 올리브 오일 여덟 항아리처럼 구체적인 물건 8개에서 일반적인 대상 8개, 그리고 그 자체로 무형의 존재인 8로 가기 위해서는 거대한 정신적 도약이 필요했다는 사실은 간과하기 쉽다. 0개인 대상을 다룰 수단이 당장 필요한 건 아니었다.

우리의 먼 조상은 양의 정수 1, 2, 3, …부터 시작했다. 0은 훨씬 나중에 등장했는데, 어떻게 생겨나 발전했는지는 복잡하고 불확실하다. 0이 언제 어떻게 생겨났는지가 복잡한 이유로는 0이 두 가지 용도로 쓰였다는 사실도 있다. 한 용도는 빈자리를 채우는 기호이며, 다른 하나는 다른 수와 동등한 자격을 지닌 수다. 3075라는 숫자에서 0은 3을 올바른 위치에 놓아 300이 아니라 3000을 뜻하도록 만들기 위한 용도로 쓰였다. 만약 0의 의미를 1보다 1이 작은 수라고 하면, 그 역할은 완전히 달라진다. 특정 성질이 있는 수로 우리가 사용하는 산술에 들어와야 한다. 0을 더하거나 0으로 곱하면, 그리고 가장 궁금한 것인데, 0으로 나누면 어떻게 될까? 그리고 아주 뚜렷하게 다른 이 두 가지 맥락에서 0을 어떻게 나타낼 것인지에 관한 문제가 있다. 어떤 표기법과 이름을 사용할 것인지, 그리고 이 새로운 지적 창조물을 나타내는 방법이 자리지킴이로 쓸 때와 그 자체인 수로 쓸 때에 따라 달라져야 하는지 등. 한편, 0을 뜻하는 영단어 zero는 cipher 의 유래이기도 한 아랍어 단어 sifr에서 나왔다.

자리지킴이 0의 등장

0이라는 개념이 수학에 처음 등장한 건 여러 자릿수의 자릿값을 명확하게 해주는 자리지킴이로서였다. 숫자의 위치가 값을 나타내는 자릿값 체계는 적어도 바빌로니아인이 처음 사용했을 때인 4000년 전으로 거슬러 올라간다. 하지만 이들이 적어도 한참 동안은 빈자리를 표시할 필요를 느꼈다는 증거가 없다. 기원전 1700년경에 쓰인 원래 기록은 점토판에 첨필로 쐐기 모양의 표시를 새겨 만든 쐐기문자 형태로 오늘날까지 남아 있다. 이런 점토판은 바빌로니아인이 수를 어떻게 나타냈고 어떻게 연산을 했는지 보여준다. 이들의 표기법은 우리의 것과 상당히 다르며,

....

* cipher에는 암호라는 뜻과 0이라는 뜻이 있다.

더 기묘한 수학책

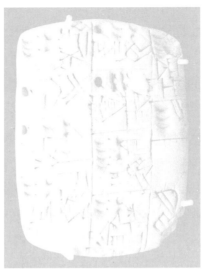

기원전 3100~3000년의 것으로 이라크 남부에서 발견된 이와 같은 점토판에는 가장 초창기의 0을 나타내는 기호가 담겨 있다.

수 체계도 10진법이 아닌 60진법이었다. 하지만 초기 바빌로니아인이 가령 우리라면 1036과 136이라고 쓸 두 수를 구분해서 쓰지 않았다는 건 분명하다. 오로지 맥락에 따라 구분해야 했다. 우리가 자리지킴이로 쓰는 것과 똑같은 방식으로 기호를 쓰기 시작한 건 기원전 700년경이 되어서였다. 도시와 시대에 따라 다양한 표기법이 쓰였다. 하지만 바빌로니아와 메소포타미아의 점토판에서 우리가 0을 쓸 자리에 쐐기 모양의 기호를 하나, 둘, 혹은 세 개를 쓴 것을 볼 수 있다. 그 뒤에도 다른 문명에서 똑같은 아이디어가 나타났다. 마야에서도 그랬고, 산가지 체계를 썼던 중국에서는 0과 같은 뜻으로 빈 공간을 남겼다.

각각의 기호가 정해진 값을 나타내는 고정된 방식으로 수학을 해보면 자릿값 체계가 없을 때의 문제를 쉽게 알 수 있다. 로마인이 그런 접근법으로 골머리를 앓았다. 아마도 그래서 우리가 로마의 장군이나 정치가, 정복자 그리고 행정이나 도시 계획에 관해서는 많이 들어보았지만, 수학에서 혁신을 이루었다는 소리는 거의 듣지 못한 것일지도 모른다. 로마 숫자는 일곱 가지 문자를 기호로 사용해 수를 표기했다. I는 1, V는 5, X는 10, L은 50, C는 100, D는 500, 그리고 M은 1,000인데, 사용해 보면 금세 번거로워진다. 예를 들어, 로마 숫자로 1,999를 쓰면 MCMXCIX가 된다. 그리고 5,000보다 훨씬 더 큰 수는 어처구니없을 정도로 표현하기 어렵다. 다른 큰 문제는 로마식으로 연산을 할 때 생긴다. 우리는 47+72=119임을 꽤 쉽게 알 수 있다. 하지만 XLVII과 LXXII을 더해 보시라. 가장 쉬운 방법은 로마 숫자를 우리가 쓰는 10진법 체계로 바꾼 뒤 다시 바꾸어서 CXIX라는 답을 얻는 것이다. 로마식으로 덧셈을 하는 건 고문이다. 하물며 곱셈이라면….

숫자 0의 등장과 0에 얽힌 수학

자리지킴이로서가 아닌 수 자체로서의 0은 훨씬 더 최근에 이루어진 발명(혹은 발견)이다. 이런 개념으로 0을 도입한 사람은 기원전 2~3세기에 살았던 인도 학자 핑갈라Pingala다. 핑갈라는 10진법이 아닌 2진법을 기반으로 자릿값 표기법을 사용했다. 2진법 표기법을 쓰면 산스크리트어로 쓴 시에 수를 부호화해서 넣을 수 있기 때문이었다. 하지만 핑갈라는 산스크리트어로

'텅 빈'이라는 뜻의 단어인 'sunya'를 이용해 0이라는 수를 지칭하기도 했다. 오늘날과 같은 형태의 기호가 가장 먼저 쓰인 사례는 1881년 여름 당시 영국 지배하의 인도였지만 지금은 파키스탄에 있는 바크샬리라는 마을 근처에서 발견된 『바크샬리 문서』로, 자작나무 껍질에 쓰여 있었다. 문서의 상당 부분은 사라졌고, 몇 장의 부스러기를 포함한 70장 정도만이 발견 시점까지 남아있었다. 남은 부분으로 보건대, 그건 과거의 수학에 관한 해설로 문제를 푸는 데 필요한 규칙과 기법을 설명하고 있었다. 대부분은 산술과 대수학에 관한 내용이었지만, 기하학과 측량(측정에 관한 수학)에 관한 내용도 약간 있었다. 현재 옥스퍼드대학교의 보들리 도서관에서 보관하고 있는 이 문서를 최근에 탄소 연대 측정한 결과 3~4세기의 것으로 드러났는데, 이는 기존 추측보다 몇 세기 더 앞선 것이다.

훗날, 7세기에 인도 수학자 브라마굽타Brahmagupta는 수 자체로서 0이라는 개념에 단단한 발판을 마련했다. 0과 음수(당시에 이루어진 또 다른 혁신이다)가 들어간 다양한 산술 규칙을 정했던 것이다. 대부분의 규칙은 지금 보면 익숙하다. 예를 들어, 브라마굽타는 0과 음수의 합은 음수이고, 양수와 0의 합은 양수, 그리고 0과 0의 합은 0이라고 주장했다.

뺄셈의 경우에도 브라마굽타가 만든 규칙이 지금도 쓰인다. 0에서 음수를 빼면 양수가 나온다는 식이다. 하지만 나눗셈에서는 난관에 봉착했다. 브라마굽타는 0을 0으로 나누면 0이 되어야 한다고 생각했다. 그러나 0이 위에 있고 양수나 음수가 밑에 있거나 그 반대인 다른 분수의 값은 수수께끼였다.

브라마굽타는 예를 들어서 8을 0으로 나누면 어떻게 되는지 확실하게 말하지 않았다. 답이 무엇인지 확실히 알 수 없었으므로 이건 놀라운 일이 아니다. 500년 뒤 또 다른 인도 수학자(이자 천문학자) 바스카라Bhaskara는 자신의 위대한 저작인 『시단타 시로마니(학술서의 왕관)』에서 어떤 수를 0으로 나눈 결과가 '무한한 양'이라고 주장했다. 곧이어 그 철학적 정당성에 관해서는 다음과 같이 감상적인 글을 남겼다.

0으로 나누어서 나오게 되는 이런 양은 아무리 더하거나 빼도 변화가 없다. 세상이 창조되거나 파괴될 때 수많은 존재가 흡수되거나 나타나도 무한하고 변치 않는 신에 아무런 변화가 생기지 않듯이.

어떤 수를 0으로 나눈 결과가 무한이라고 생각하고 싶은 바스카라의 희망에 깔린 논리를 엿볼 수 있는 건 분명하다. 어차피 만약 우리가 어떤 수, 가령 1을 점점 더 작아지는 수로 나눈다면, 그 결과는 점점 커질 것이다. 문제는 만약 우리가 임의의 유한한 수 n에 대해 $n/0=\infty$이라고 하면, 0에 ∞을 곱한 결과가 어떤 수든지 될 수 있다. 이건 말이 되지 않는다. 사실 0으로 나누는 부분을 슬쩍 숨겨서 1=2임을, 혹은 좀 더 일반적으로 어떤 두 수가 서로 같음을 증명하는 소소한 수학적 속임수는 많다. 이런 혼란과 모순을 피하기 위해 수학자들은 결국 0으로 나누는 것을 허용하지 않기로 했다. 좀 더 정확하게 말해서는 '정의되지 않는다undefined'고 한다.

현대 수학에는 실제로 0은 아니면서 0과 관련이 있는 개념이 많다. 그중 하나가 공집합이다. 집합론에서 공집합은, 당연하게 도, 원소가 없는 집합을 말한다. 이건 0 자체와는 다른 개념이 다. 공집합은 집합인 반면 0은 수라는 점에서 가장 분명하게 드러난다. 하지만 0은 공집합의 원소 수, 혹은 기수(크기)다. 집합에는 덧셈과 곱셈과 비슷한 방식의 연산법이 있다. 바로 합집합과 교집합이다. 두 집합의 합집합은 두 집합 중 적어도 하나에 들어있는 원소를 모두 포함하는 집합이다. 그리고 교집합은 두 집합 모두에 들어있는 원소를 모두 포함하는 집합이다. 공집합은 0과 비슷한 역할을 한다. 어떤 집합과 공집합의 합은 그 집합이고(x+0=x인 것처럼), 어떤 집합과 공집합의 교집합은 공집합이다(x×0=0과 마찬가지로).

0과 관련된 다른 내용이 나오는 경우로는 0에 도달하지는 못하지만 가능한 한 가까워지려고 할 때가 있다. 1, 1/2, 1/4, 1/8…처럼 각 항이 전 항의 절반이 되는 수열이 바로 우리를 그길로 인도하는 사례다. 우리는 보통 간단히 이 수열의 극한 – 수렴하는 값 – 이 0이라고 말한다. 하지만 실제로는 도달하지 않지만 0에 '무한히 가깝다'라는 개념이 있을 수 있을까? 수직선 위의 모든 점을 포함하는 실수 체계는 우리에게 그런 개념을 제공하지 않는다. 우리가 원하는 만큼 작은 수를 제공하는 게 최선이다. 그러나 그 수가 환상적일 정도로 작다고 해도 0이 아닌 실수는 언제나 무한히 작은 게 아니라 유한히 작은 것이다. 0에 무한히 가까워진다는 목표를 달성하기 위해서는 새로운 유형의 수가 필요하다. 우리의 상상력과 통상적인 인식 방법을 둘 다 넘어서는 곳에 있는 어떤 수가.

영국 수학자 존 콘웨이John Conway는 특정 유형의 게임을 분석하는 데 도움이 되는 신선한 접근법을 찾고 있었다. 영국 바둑 챔피언이 케임브리지 대학교 수학과에서 바둑을 두는 모습을 보던 콘웨이는 거기서 영감을 얻어 진전을 이룰 수 있는 방법을 찾았다. 바둑의 끝내기가 여러 국면의 합으로 나타나는 경향이 있으며, 일부 배치는 수처럼 행동한다는 사실을 알아챘던 것이다. 이어서 무한한 시합의 경우 새로운 유형의 수처럼 행동하는 배치가 나타난다는 사실을 알아냈다. 그 수가 바로 '초현실수'다. 초현실수라는 이름은 콘웨이가 아니라 미국의 수학자이자 컴퓨터과학자인 도널드 크누스Donald Knuth가 1974년 『초현실수: 학생이었던 두 사람이 순수 수학으로 눈을 돌리고 완전히 행복해진 이야기』라는 책에서 만들었다. 이는 중요한 수학 개념을 중편소설 형태로 대중에 공개한 유일한 사례로 유명하다.

초현실수는 정신이 아득할 정도로 방대한 수 집단의 일원이다. 여기에는 모든 실수와 무한 서수ordinal라 불리는 무한히 큰 수들, 이런 서수에서 생겨나는 무한소(무한히 작은 수) 집합, 그리고 이전까지 수학의 알려진 영역 밖에 놓여 있었던 기이한 수들이 있다. 각각의 실수는 다른 실수보다 더 가까이 놓여 있는 초현실수의 '구름'에 둘러싸여 있다는 사실이 드러났다. 이런 초현실수 구름 하나는 0과 0보다 큰 가장 작은 실수 사이의 어스름한 지역을 포함하고 있으며, 무한소로 이루어져 있다. 이렇게 무한히 작은 수는 1, 1/2, 1/4, 1/8…이라는 수열을 아무리 이어나간다고 해도 그보다 작은 값을 갖는다. 그런 초현실수 중 하나가

ε(입실론)으로, 0보다 크지만 1, 1/2, 1/4, 1/8···보다 작은 첫 번째 초현실수로 정의할 수 있다.

크누스의 소설에서 빌과 앨리스라는 두 대학생은 문명에서 벗어나기 위해 인도양의 한 섬에 살고 있다. 그러던 두 사람은 모래에 반쯤 묻힌 검은 바위를 발견하는데, 거기에는 글이 쓰여 있다. 빌이 읽기 시작한다. "태초에 모든 것이 공허했다. 그러자 J.H.W.H. 콘웨이가 수를 창조하기 시작했다. 콘웨이가 말했다. '크고 작은 모든 수를 낳을 두 가지 규칙이 있으라···'"

시간은 흐르고, 빌과 앨리스는 돌에 새겨진 글을 연구하며 이전까지 상상할 수 있었던 그 무엇보다도 놀라울 정도로 방대한 새로운 수 체계를 만드는 방법을 배운다. 이 수 체계의 기본적인 아이디어는 어떤 실수 N을 두 집합을 사용해 나타낼 수 있다는 것이다. 한 집합 L(Left, 왼쪽)은 N보다 작은 수를 담고 있고, 집합 R(Right, 오른쪽)은 N보다 큰 수를 담고 있다. (나중에 6장에서 이 과정이 어떻게 되는 건지 더 자세히 살펴볼 것이다.) 바위에 적힌 글은 콘웨이의 아무것도 없는 상태에서 콘웨이의 두 규칙을 사용해 왼쪽 공집합과 오른쪽 공집합으로부터 0이라는 수를 만들어 낼 수 있는지를 설명한다. 어떤 수의 왼쪽 집합에 0을 넣고 다른 수의 오른쪽 집합에 0을 넣는 방식으로 더 많은 수가 존재하게 할 수 있고, 이렇게 만든 새로운 수로 더욱 더 많은 수를 만들 수 있다. 마침내 이 굉장히 거대한 수의 모임에 속한 모든 수, 즉 초현실수가 만들어진다. 그중에는 무한소도 있다.

궁극적으로 0이 아니면서 0에 가장 가까운 수가 무엇인지를 묻는 건 무한이 아니면서 무한에 가장 가까운 게 무엇인지 묻는 것과 같다. 실수만을 가지고서는 무한소에 관해 이야기하는 게 의미가 없다. 아무리 작은 수를 말하려고 해도 언제나 그 수와 0 사이에 더 작은 수가 있기 때문이다. 큰 실수도 마찬가지다. 가장 큰 수란 없다. 커지는 데는 한계가 없기 때문이다. 어떤 수를 말한다고 해도 그 수와 무한 사이에는 실수가 있다. 다행히 수학의 우주는 거대하고 다양하므로 무한히 작거나 무한히 큰 수를 찾는 과정에서 우리는 이전에는 불가능했던 것을 현실로 만드는 새로운 수 체계를 생각해 낼 수 있다.

놀라운 수학적인 사실 하나는, 일견 옳지 않아 보이지만, $0.999\cdots=1$이다. 0.9, 0.99 등이 모두 1보다 작기 때문에 $0.999\cdots$(9가 끝없이 이어지는)도 1보다 작아야 할 것 같은데, 상식과 어긋나 보인다. 그러나 $0.999\cdots=1$임을 보일 쉬운 방법은 많다. 예를 들어, $x=0.999\cdots$라고 하자. 그러면 $10x=9.999\cdots=x+9$가 된다. 양 변에서 x를 빼면 $9x=9$가 되고, 따라서 $x=1$이 된다. 방금 우리는 아주 간단한 방법으로 $0.999\cdots=1$임을 증명했다. 마찬가지로 $1-0.999\cdots$은 아주 작은 수, 심지어는 무한소도 아니다. 그냥 정확하게 0이다.

이 기이한 결과를 제대로 이해하려면 $0.999\cdots$, 아니 소수가 무한히 이어지는 실수가 무엇을 의미하는지 이해해야 한다. 예를 들어, 파이(π)를 $3.14159\cdots$로 나타낸 건 3, 3.1, 3.14, $3.141\cdots$의 극한값을 의미한다. 마찬가지로 우리는 유한소수로 된 유리수(모든 유리수가 유한소수인 건 아니다. 예를 들어 1/3이 있다)만 이용해 모든 실수를 정의할 수 있다. 따라서 $0.999\cdots$는 0.9, 0.99, $0.999\cdots$의 극한이며, 그 값은 정확히 1과 같다.

초현실수는 이 문제에 완전히 새로운 빛을 비추어 주었다. 초현실수의 경우 오로지 특정 수만 유한한 단계로 정의할 수 있다. 이런 수를 소위 이진 유리수dyadic rational라고 하며, 분모가 2의 거듭제곱인 분수로 나타낼 수 있는 수다. 이런 이유로 그런 초현실수를 다룰 때는 이진수를 이용하는 편이 더 낫다. 0.999…를 이진수로 나타내면 0.111…다. 이것은 1/2+1/4+1/8…이며, 역시 1과 같다. 우리는 실수에서 무한한 십진(또는 이진) 소수 표기가 무엇을 뜻하는지 알고 있지만, 초현실수에서는 이야기가 달라진다. 예를 들어, (쉽게 이해하기 위해 십진수를 쓰자면) π는 3.14159…다. 이것을 초현실수로는 어떻게 쓸까? 3, 3.1, 3.14, …보다 큰 건 분명하다. 하지만 그건 4 역시 마찬가지다. 그리고 초현실수에서는 이렇게만 쓰면 4라는 답이 나온다. 마찬가지로, π는 분명히 4, 3.2, 3.15…보다 작지만, 초현실수에서는 이렇게만 쓰면 3이 나올 것이다. 정확한 π값을 구하려면 둘 다 사용해야 한다. 그러면 {3, 3.1, 3.14, … | 4, 3.2, 3.15, … }과 같이 나타낼 수 있다.

그러면 이것은 0.999…, 아니 이진수로 0.111…에 무슨 의미가 있을까? 초현실수(이진수를 이용한)로 이는 {0.1, 0.11, 0.111, … | 1.0, 1.00, 1.000, … }가 된다. 집합 L은 1에 가까워지는 것처럼 보이고, 실제로 실수에서 극한값이 1이다. 하지만 집합 R에는 사실 한 가지 수, 즉 1밖에 없다. 그러므로 우리는 이게 사실 1보다 작으며, 정확하게는 1−ε이라는 기괴한 결론을 얻게 된다. 그리고 또, 1.000…은 1보다 크며, 1+ε이 된다. 이는 초현실수를 다룰 때는 십진수, 심지어는 이진수 표현이라고 해도 수에

관해 생각하는 데 큰 도움이 되는 방법이 아니며, 우리는 사실 집합 L과 R에 관해 생각해야 한다는 사실을 보여준다.

0과 얽힌 문제를 해결하는 법

아이작 뉴턴Isaac Newton과 고트프리트 라이프니츠Gottfried Leibniz가 각기 독자적으로 미적분을 개발했을 때 해결하기 어려워 보이는 문제가 있었다. 정의할 수 없는 0/0이 나오지 않게 하면서 점점 더 작아지는 변화를 설명할 방법을 찾는 문제였다. 초창기에 미적분을 비판했던 조지 버클리George Berkeley 주교는 다음과 같이 말했다.

그리고 이 유율법이란 건 무엇인가? 사라져 가는 증가량의 속도? 그러면 이 사라져 가는 증가량이란 건 무엇인가? 그건 유한한 양도 무한히 작은 양도 아니고, 무(無)도 아니다. 차라리 죽은 양(quantity)의 유령이라고 부르면 안 될까?

뉴턴은 원하는 만큼 작은 단위로 변화의 속도를 설명할 수 있었고, 그게 점점 특정한 값에 가까워진다는 사실도 분명히 볼 수 있었다. 하지만 어려운 것은 무한소에 의존하지 않고 이게 진짜 값인지를 증명하는 데 있었다. 뉴턴은 변화의 속도를 알아내기 위해 어떤 양 x에 더한 임의의 작은 수를 o로 나타냈다. 이어서 o가 들어 있는 모든 항을 삭제했다. 무시해도 되기 때문이었다. 그러나 아무리 작다고 해도 0이 아닌 수가 들어있는 항이었다.

어떻게 그걸 그냥 없애버릴 수 있을까? 그게 커다란 비판의 요지였다. 결국 다른 수학 분야가 단단한 논리 위에 서 있을 때 미적분은 신념을 딛고 서 있었다. 미적분을 엄밀하게 만들려는 어떤 시도도 어쩔 수 없이 0/0과 마주하거나 아주 작지만 0이 아닌 항을 0으로 취급하며 무시하는 결과를 내놓을 수밖에 없었다.

오늘날의 미적분에서 우리는 무한소를 회피하기 위해 18세기 중반 프랑스의 수학자이자 철학자였던 장 르 롱 달랑베르Jean le Rond d'Alembert가 개발한 방법인 극한을 이용한다. 극한은 우리가 변수(보통 x로 나타낸다)가 어떤 수에 도달하지는 못하지만, 점점 더 가깝게 다가가게 할 때 향하게 되는 종점이다. 우리가 수학 최후의 골칫거리인 0으로 나누기를 회피할 수 있는 기법이다. x^2-1을 $x-1$로 나누었을 때 어떻게 되는지 알고 싶다고 하자. x=1일 때는 단번에 결론을 내릴 수 없다. 왜냐하면 0/0이 나오기 때문이다. 그 대신 우리는 x가 1에 슬금슬금 가까이 가게 해야 한다. x=0.5일 때 $(x^2-1)/(x-1)=1.5$다. x=0.9일 때 $(x^2-1)/(x-1)=1.9$다. x=0.999일 때는 $(x^2-1)/(x-1)=1.999$가 된다. 비록 x에 1을 대입해 곧바로 답을 얻을 수 없어도, 이런 식으로 나가면 종점이 2라는 게 분명해진다. 이 과정의 극한을 구하는 것이다.

어떻게 보면 수학에서 0에 점점 더 가까이 다가가려는 건 물리학자들이 점점 더 완벽한 진공(물질이 전혀 없는 공간)을 만들려고 노력하는 것과 비슷하다. 그런 노력이 본격적으로 시작된 건 17세기 이탈리아의 물리학자이자 수학자였던 에반젤리스타 토리첼리Evangelista Torricelli가 아무리 힘이 센 일꾼들이라도 물 펌

프를 이용해 물을 수직으로 10m 이상 끌어올리지 못한다는 사실을 알게 되면서부터였다. 1643년 토리첼리는 물 대신 수은을 가지고 이 실험을 해보기로 했다. 수은은 물보다 밀도가 높아서 훨씬 더 낮은 높이가 나올 터였다. 이 경우에 그 한계는 약 76cm였다. 이어서 토리첼리는 76cm보다 좀 더 긴 관의 한쪽 끝을 밀봉하고 수은을 채운 뒤 수은이 담긴 그릇 위에서 뒤집었다. 매번 이렇게 할 때마다 관 속의 수은 기둥의 높이는 76cm까지 떨어졌다. 관의 열린 입구는 수은에 잠겨 위쪽으로 공기가 들어갈 수 없었으므로, 토리첼리는 자신이 진공을 만들어냈다고 추측했다. 정확히 말해서 완벽한 진공은 아니었지만(일단 수은 증기가 조금 들어 있을 터였다), 자연이 진공을 싫어한다는 고대 철학자들의 주장이 틀렸음을 보여주기에는 충분했다.

관의 길이는 수은 기둥의 높이에 영향을 주지 않았다. 하지만 산 위에 올라가서 똑같은 실험을 하자 수은 기둥의 높이가 낮아졌다. 토리첼리는 진공이 잡아당기는 것과 반대로 공기가 밀어내고 있다는 사실을 깨닫고, 이런 결론을 내렸다. "우리는 공기의 바다 밑바닥에 잠긴 채로 살고 있다." 토리첼리의 발견은 아리스토텔레스(그리고 중세 교회)의 세계관에 마지막 타격을 날렸다. 진공은 존재할 수 없다는 주장에 대해 토리첼리는 그저 진공을 만들어 보였던 것이다.

해결되지 않는 무(無)의 문제

하지만 세월은 흐른다. 고전 물리학, 토리첼리와 뉴턴을 비롯한 20세기 이전의 모든 과학자가 알았던 유일한 물리학에서는 완벽한 진공이 이론적으로 가능하다. 밀봉한 용기 안에 들어있는 공기 분자를 모조리 없앨 기술이 부족할지는 몰라도 그렇게 할 수 있다는 생각만큼은 할 수 있다. 그 결과는 물질 입자가 단 하나도 없는 공간이 될 것이다. 그러나 양자역학이 등장하면서(9장에서 다룰 주제다) 기존의 공간과 시간, 물질과 에너지 개념이 산산이 부서졌다. 이 놀랍고 새로운 물리학적 전망에 따르면, 진정으로 텅 빈(모든 물질 입자와 에너지가 전혀 없는) 공간을 만들어낼 가능성이 영원히 사라진다.

우리가 사는 공간의 궁극적인 본질인, 이른바 양자진공은 입자가 들끓는 곳이다. 우리가 볼 수 있는 통상적인 물리적 우주를 만드는 물질(전자와 양성자, 중성자, 원자, 이온, 분자)이 아니라 '가상 입자'다. 수명이 짧은 이들 입자는 관측당하지 않는 한 스스로 존재와 비존재 사이를 왔다 갔다 하다가 아무런 흔적도 남기지 않고 다시 사라진다. 가상 입자는 양자역학의 교의인 하이젠베르크Heisenberg의 '불확정성 원리'에 의해 존재한다. 불확정성 원리에 따르면, 어떤 입자의 위치와 운동량을 정확히 아는 건 가능하지 않다. 입자의 위치를 정확히 측정하면 할수록 운동량에 관한 정보는 더 알 수 없게 되기 때문이다. 에너지와 시간을 짝짓는 데도 똑같은 아이디어가 적용된다. 에너지를 정확하게 측정하면 할수록 시간 측정은 덜 정확해진다. 하이젠베르크의 원리에 따른 결과 에너지(유명한 방정식 $E=mc^2$에 따라 질량과 등가다)를 측정하는 데는 언제나 불확실성이 있게 된다. 따라서 입자는 우리가 관측할 기회를 얻기도 전에 순간적으로 물질화되었다가 사라질 수 있다. 양자진공은 이렇게 왔다가 가는 가상 입자로 들끓고 있어 고전적인 진공처럼 완벽하게 텅 빈 공간을 만드는 건 불가능하다.

그런 양자 요동(입자가 무無에서 자발적으로 나타내는 현상)이 우주 전체의 시작이었을까? 오늘날의 우주론자는 우리를 둘러싼 모든 것이 처음에 어떻게 생겨났는지에 대해 설명하는 한 가지 방법으로 양자 요동을 거론한다. 일단 처음에는 아무것도 없는 상태다. 그러다 다음 순간 양자의 떨림이 우주 전체를 출발시켰다는 것이다. 오래된 수수께끼인 '무로부터의 창조'의 현대식 설명이다. 하지만 아직 설명할 수 없는 게 많다. 우리가 사는 우주가 존재하기 전에 분명히 무언가가 있었어야 한다. 무無 – 물리적인 의미의 0 – 는 존재할 수 없다. 설령 물질이 전혀 없었다고 해도 최소한 아무것도 아닌 것이 무엇이 되게 한 양자물리학 법칙과 궁극적으로는 그 이면에 깔린 수학 법칙은 있었어야 한다.

π

θ

φ

3장

우주를
지배하는
일곱 가지 수

1번이 되기 위해서는 특별해야 * 한다.

- 닥터 수스

* odd. 홀수를 뜻하기도 함 - 역자

일곱 가지라고? 왜 10처럼 딱 떨어지는 수가 아닐까? 우리가 10을 딱 떨어지는 수로 생각하는 건 단지 우리의 손가락이 열 개라서 그것을 바탕으로 가장 흔히 쓰는 수 체계를 만들었기 때문이다. 만약 사람의 손가락이 여덟 개였다면, 우리의 수학은 십진법이 아니라 팔진법에 바탕을 두고 있을 게 분명하다. 따라서 우리가 편견을 갖지 않는다면, 일곱은 우주를 정복하는 엘리트 수의 가짓수가 될 만큼 충분히 크다.

미국의 시트콤 〈빅뱅이론〉에서 가장 괴짜인 쉘든 쿠퍼에 따르면, 최고의 수는 73이다. 왜 그럴까?

쉘든: 73은 21번째 소수야. 거구로 쓴 37은 12번째 소수고, 그걸 거

꾸로 쓴 21은 7 곱하기 3이야.

레너드: 알겠어. 73이 수 세계의 척 노리스란 말이지!

쉘든: 그건 척 노리스 생각이지. 73을 이진수로 쓰면 회문이야.
1001001은 거꾸로 해도 1001001이지. 척 노리스는 거꾸로
써 봤자 스리노 척이잖아!

쉘든은 종종 앞에 '73'이 적힌 티셔츠를 과시하지만, 더글러스
애덤스Douglas Adams의 『은하계를 여행하는 히치하이커를 위한
안내서』의 팬이라면 티셔츠에 '42'를 적을지도 모르겠다. 그 수
는 슈퍼컴퓨터인 '깊은 생각'이 750만 년 동안 숙고한 끝에 내놓
은 인생과 우주, 그리고 모든 것에 대한 답이니까. 42를 선택한
이유를 정당화하고 싶은 사람이라면 원자번호 42번인 몰리브덴
이 공교롭게도 우주에서 42번째로 흔한 물질이라는 사실 혹은
세계에서 가장 많이 팔린 앨범 세 장(마이클 잭슨의 〈스릴러〉, AC/
DC의 〈백 인 블랙〉, 핑크 플로이드의 〈더 다크 사이드 오브 더 문〉)의 재
생 시간이 모두 42분이라는 사실을 들지도 모르겠다. 사실은 애
덤스 자신이 설명했듯이 그냥 농담이었다. "어떤 수, 평범하고
크지 않은 수여야 했어요. 그래서 하나 골랐지요. 책상에 앉아
서 정원을 바라보다가 42면 되겠다고 생각했어요. 그리고 써넣
었어요. 그게 다입니다."

이제 농담이 아니라 진지하게, 우주 최고의 수는 무엇일까?
물론 그건 무슨 의미인지에 따라 다르다. 가장 흔히 나타난다?
가장 흥미롭다(무슨 이유에서든)? 수학에서 가장 중요하다? 흥
미롭지 않은 수라는 건 없다. 어느 날 영국 수학자 G. H. 하디

Hardy는 번호가 1729인 택시를 타고 런던의 한 병원에 입원해 있는 인도의 수학 천재 스리니바사 라마누잔Srinivasa Ramanujan을 만나러 갔다. 라마누잔을 만난 하디가 1729는 참 재미없는 수 같다고 이야기하자, 라마누잔은 망설이지도 않고 그렇지 않다고 대답했다. "그건 아주 흥미로운 수예요. 서로 다른 두 가지 방법으로 두 수의 세제곱의 합으로 나타낼 수 있는 수 중 가장 작은 수지요."(1729 = 1^3 + 12^3 = 9^3 + 10^3) 논리적으로 따져도 전혀 흥미롭지 않은 수는 존재할 수 없다. 만약 그런 수가 존재한다면, 가장 흥미롭지 않은 수가 있을 것이고 그 수는 가장 흥미롭지 않다는 점 때문에 곧바로 흥미로워지기 때문이다! 그러면 가장 흥미롭지 않은 수가 새로 등장하고, 똑같은 이유로 그 수도 흥미로워지는 일이 반복된다.

명예 우주 최고의 수, 미세 구조 상수

물리학자에게도 중요한 수가 몇 가지 있다. 언뜻 보면 우리 목록에 충분히 올라갈 만한 수들이다. 빛의 속도나 중력상수, 아보가드로 수 등등. 하지만 이들 대부분은 우리가 사용하는 단위에 따라 달라진다. 어떤 면에서 볼 때 진공에서 빛의 속도는 물리학에서 가장 중요한 양이다. 하지만 수로 나타낸 값은 초당 km(299,792)인지 초당 마일(186,282)인지 혹은 다른 어떤 단위인지에 따라 달라진다. 물리학에서 단위에 따라 달라지지 않는 유일한 상수는 이른바 무차원 상수다. 이 중에서 매우 중요한 수 하나가 미세 구조 상수 α로, 거의 정확하게 1/137이다. 이 수는 원자 및 아원자 물리학에서 툭하면 튀어나온다. 이 수를 이해하는 방법 중 하나는 전자와 같은 기본 하전 입자 사이의 전자기 상호작용의 힘을 측정한 값으로 보는 것이지만, 이 수는 여러 가지로 해석할 수 있고 우리가 사는 우주에 대해 깊은 의미를 갖는 것으로 보인다. 그 의미는 아직 우리가 제대로 헤아릴 수 없다. 이 수가 매혹적인 건 어디에나 있기 때문만이 아니라 자연의 세 가지 기본 상수의(그리고 다른 몇 가지 요소도) 조합으로 이루어져 있기 때문이기도 하다. 바로 전자의 전하를 제곱한 결과를 플랑크 상수와 광속의 곱으로 나눈 값이다. 다른 상황이었다면, 미세 구조 상수는 우주의 수 중에서 상위 7위 안에 들었을지도 모른다. 하지만 이 책은 물리학이 아니라 수학에 관한 이야기이므로, α는 명예롭게 언급되는 것에 만족해야 한다.

첫 번째 우주 최고의 수, 파이(π)

그 명성과 수학의 어느 곳에서도 보이는 성질 덕분에 유명한 수가 모인 엘리트 집단에 들어올 자격이 충분한 두 수가 있다. 그 두 수는 수 세계의 비틀스와 롤링스톤스라 할 수 있다. 바로 파이와 e다. 파이는 모두가 학교에서 배우기 때문에 수학자가 아닌 사람들에게 가장 익숙한 수다. 원의 지름(d)에 대한 원주(C)의 비율로, $\pi = C/d$가 된다. 파이는 그 자체로도 놀라워 보인다. 왜 원의 크기와 무관하게 그 비율은 항상 같은 걸까? 답은 모든 원(적어도 평면 위에 있는)이 비슷하기 때문이다. 수학적으로 표현하면, 모든 원은 서로 크기만 다르다. 반지름이 r인 원의 넓이 A를 구하는 공식 $A=\pi r^2$ 역시 파이가 들어가는데, 이는 원을 잘게 잘라서 우리가 쉽게 넓이를 계산할 수 있는 도형과 비슷하게 만드는 방식으로 증명할 수 있다.

파이의 기하학적 뿌리가 원에 있기 때문에 우리는 그 도형만 보면 파이가 나오리라고 예상한다. 하지만 파이에 관한 매우 놀라운 사실은 마치 마술처럼 원이 없을 때도 모습을 드러내곤 한다는 점이다. 예를 들어, 수열 $1/1^2+1/2^2+1/3^2+1/4^2+1/5^2\cdots$ $=1+1/4+1/9+1/16+1/25\cdots$은 항이 계속될수록 $\pi^2/6=1.645\cdots$에 점점 가까워진다. 이 분수를 뒤집으면 $6/\pi^2$가 되는데, 이는 충분히 큰 두 수가 서로 소일(다시 말해, 1 이외에는 공약수를 갖지 않을) 확률과 같다. 사실 파이는 본질적으로, 그리고 왠지 모르게 소수(자기 자신과 1 외에는 약수가 없는 수)의 분포와도 관련을 맺고 있다. 또 어째서인지 리만 제타 함수라는 수학에서 가장 중요하다고 손꼽히는 공식과 관련된 곳에도 모습을 드러낸다. 리만 제타 함수에 관해서는 13장에서 더 이야기하겠다. 애초에 원의 기본적인 성질을 공부하며 접하는 수가 왜 갑자기 소수와 관련된 곳에 다시 나타나는 걸까?

파이는 뷔퐁의 바늘로 불리는 문제의 답에서도 나타난다. 뷔퐁의 바늘은 훗날 뷔퐁 백작이 된 프랑스의 박물학자 조르주루이 르클레르Georges-Louis Leclerc가 18세기에 처음으로 제기한 문제다. 바닥에 폭이 l로 일정한 널빤지가 평행하게 놓여 있다고 하자. 만약 길이가 똑같이 l인 바늘을 바닥에 떨어뜨린다면, 떨어진 바늘이 널빤지 사이의 선을 가로지를 확률은 얼마나 될까? 답은 $2/\pi$가 된다.

1655년 영국의 성직자이자 수학자였던 존 왈리스John Wallis(무한을 나타내는 기호로 ∞을 도입한 사람이다)는 다음과 같은 사실을 알아냈다.

$$\pi = 2 \left[\frac{2}{1} \cdot \frac{2}{3} \cdot \frac{4}{3} \cdot \frac{4}{5} \cdot \frac{6}{5} \cdot \frac{6}{7} \cdot \frac{8}{7} \cdot \frac{8}{9} \cdots \right]$$

시간을 빨리 돌려 2015년으로 오면 로체스터대학교의 두 연구자 칼 하겐Carl Hagen과 타마르 프리드먼Tamar Friedmann이 수소 원자의 에너지 준위와 관련된 계산을 하는 과정에서 완전히 똑같은 공식이 나온다는 사실을 발견하고 깜짝 놀랐다. 입자물리학자인 하겐은 학생들에게 변분법이라고 하는 양자역학 기법을 가르치고 있었다. 분자처럼 정확한 해답을 구하는 게 불가능한 복잡계 안에서 전자의 에너지 준위의 근삿값을 구하는 데 쓰이는 방법이었다. 하겐은 학생들이 비교적 간단히 에너지 준위를 정확하게 계산할 수 있는 수소 원자에 변분법을 적용할 때 어떤 오차가 생기는지 살펴보는 게 좋은 공부가 될 수 있다고 생각했다. 직접 해본 하겐은 거의 즉시 패턴을 알아챘다. 변분법을 사용할 때의 오차는 수소 원자의 가장 낮은 에너지 준위일 때 15%, 그다음 낮은 준위일 때 10% 등으로 연속적으로 준위가 변할 때마다 꾸준히 감소했다. 하겐은 동료인 수학자 프리드먼에게 더 높은 에너지 준위에서는 근삿값이 어떻게 되는지 확인해 달라고 요청했다. 에너지 준위가 올라감에 따라 그 방법으로 구한 극한은 왈리스의 공식과 정확히 일치했다.

파이는 물리학자에게 전혀 생소한 존재가 아니다. 몇 가지 예를 들자면, 전하에 관한 쿨롱의 법칙과 행성 운동에 관한 케플러의 제3법칙, 아인슈타인의 일반상대성이론의 장 방정식에서 파이를 볼 수 있다. 원과 구, 혹은 원 운동에서 비롯한 주기적인 운동이 나올 때면, 파이도 어김없이 등장한다. 하지만 방금 언급했던 사례나 하이젠베르크의 불확정성 원리처럼 원이나 사인 파동이 보이지 않을 때도 예상치 못하게 불쑥 나타난다. 때로는 원이라는 파이의 기원과 관련이 있다는 사실이 마침내 드러나기도 하지만, 우리가 학교에서 배운 기하학과 뚜렷한 연관성이 없을 때도 있다. 파이는 그냥 물질적 우주와 수학적 우주 어디에나 존재하는 셈이다.

다른 수 역시 마찬가지다. 어떤 면에서는 비슷하지만 좀 더 낯선 이 수는 그래서 우리가 뽑은 상위 7위 안에 들어간다. 오일러 수로도 불리는 e는 파이보다 조금 작은 2.71828…이다. 그리고 파이와 마찬가지로 무리수이면서 초월수다. 무리수는 정수의 나눗셈 형태로 나타낼 수 없는 수를 말한다. 초월수는 $x^3+4x^2+x-6=0$ 같은 방정식, 다시 말해 계수가 정수(또는 유리수)인 다항식의 해가 아니라는 뜻이다.

파이의 경우와 달리 e는 단 하나로 나타내는 명확한 정의가 없다. e는 여러 공식에서 나오며, 그중 어느 것도 정의가 될 수 있다. 하지만 e를 이해하는 간단한 방법 하나는 복리 이자로 생각하는 것이다. 사실 1663년에 스위스 수학자 야콥 베르누이Jacob Bernoulli가 바로 이런 과정에서 처음으로 e를 발견했다. 여러분이 연이자 100%에 매년 이자를 지급하는 은행에 100파운드를 저축했다고 하자. 연말이 되면 여러분은 200파운드를 갖게 된다. 이제 똑같이 후한 이자율을 제공하지만 일 년에 두 번 지급하는 다른 은행에 간다고 하자. 6개월마다 복리 이자 50%를 받으므로, 연말이 되면 여러분은 225파운드를 갖게 된다. 복리 이자로 좀 더 자주 받는 게 유리하다는 사실은 분명하다. 만약 이자가 매달 발생한다면, 여러분은 연말에 261.30파운드를 갖게 된다. 매일 이자가 발생한다면, 271.46파운드다. 복리 이자는 이자를 받는 간격이 짧으면 짧을수록 좋다. 하지만 그렇게 하는데도 한계가 있다. 실제로 만약 이자를 연속적으로 받는다고 하면, 연말에 여러분은 100 곱하기 e파운드, 혹은 소수점 아래를 적당히 잘라 271.82파운드를 갖게 된다.

지수적 증가와 관련해서도 e가 모습을 드러낸다. 지수 곡선은 어떤 수를 x만큼 거듭제곱할 때 나타나는 그래프다. 이런 곡

y = eˣ를 나타내는 그래프

더 기묘한 수학책

선의 기울기, 즉 가파른 정도는 x가 커질수록 증가한다. 어떤 점 x에서 지수 곡선 2^x의 기울기는 약 0.693×2^x다. 3^x일 때는 약 1.098×3^x다. 지수 곡선에서 기울기는 언제나 높이에 비례한다. 하지만 기울기가 높이와 똑같은 특별한 경우가 하나 있는데, 바로 e^x일 때다. e^x가 그리는 곡선의 기울기는 어느 점에서든 높이와 똑같을 뿐만 아니라 기울기가 증가하는 비율도 마찬가지다. 그리고 기울기가 증가하는 비율이 증가하는 비율도….

파이처럼 e도 전혀 예상치 못하게 관련이 없어 보이는 수학 분야에서 튀어나오곤 한다. 여러분에게 트럼프 카드 두 벌이 있다고 하자. 카드 두 벌을 각각 섞은 뒤 각각에서 첫 번째 카드를 꺼낸다. 그리고 두 번째 카드를 꺼내고, 이어서 계속 꺼낸다. 매번 꺼낼 때마다 두 카드가 서로 같지 않을 확률은 얼마나 될까? 정답은 거의 $1/e$와 똑같다. 정확하게는 $1 - 1/1! + 1/2! - 1/3! + 1/4! - \cdots - 1/51! + 1/52!$ 이며, $1/e$와의 차이는 $1/53!$ 이내다.* 똑같은 카드가 나오지 않을 확률은 카드 한 벌에 똑같은 카드가 두 장 이상 들어있지 않은 한 카드의 수가 늘어날수록 $1/e$에 가까워진다.

세계 어디서나 쓰이는 검색 엔진을 제공하는 기업인 구글은 특히 e를 좋아한다. 2004년 주식 시장에 상장할 때 구글은 기업 공개로 e십억 달러, (에누리해서) 2,718,281,828달러를 모금하는 게 목표라고 밝혔다. 그 뒤에는 재능 있는 사람을 영입하기 위해 실리콘 밸리와 시애틀, 오스틴, 케임브리지에 다음과 같은 내용을 쓴 광고판을 세웠다. '{e에 들어 있는 첫 번째 10자리 소

---

* !는 팩토리얼을 뜻한다. 예를 들어, 4!=4×3×2×1이다.

수}.com' 수학적인 능력이 뛰어난 사람이라면 암호처럼 숨겨 놓은 웹사이트 주소를 알아내 방문하고 다음과 같은 메시지를 볼 수 있었다.

축하합니다. 당신은 2단계에 진입했습니다. www.linux.org에 접속해 Bobsyouruncle으로 로그인하고, 다음 방정식의 답을 암호로 입력하십시오.

$F(1) = 7182818284$

$F(2) = 8182845904$

$F(3) = 8747135266$

$F(4) = 7427466391$

$F(5) = \underline{\hspace{3cm}}$

마침내 F(5)의 답을 알아낸 사람은 지시받은 대로 웹사이트에 가서 면접에 초대하는 메시지를 받는다.

축하합니다. 훌륭합니다. 정말 잘하셨습니다. 구글 랩스에 오신 여러분을 환영합니다.

어처구니없게도 문제를 스스로 풀지 못하는 사람도 문제가 올라온 사이트에서 구글로 답을 검색해 볼 수 있었다. 그런다고 해서 면접까지 가는 데 도움이 되었을지는 의심스럽지만!

맨 첫 번째 수이자 유일무이한 1을 빼놓고서는 상위 7위에 들어갈 수를 꼽을 수는 없다. 1로 말할 것 같으면, 어떤 수에든 1을 곱하면 변화가 없고 팩토리얼을 해도 1이고(1!=1) 제곱해도 1이고 세제곱해도 1이고 역수인 1/1도 1이다. 1은 첫 번째 홀수고, 첫 번째 양의 자연수고, 합성수(자기 자신과 1 이외의 약수가 있는 수)도 소수도 아닌 유일한 수다. 또, 첫 번째 삼각수, 아니 모든 도형수의 첫 번째이며, 피보나치 수열(1부터 시작해 앞의 두 수를 더한 값으로 이루어지는 수열)의 첫 번째와 두 번째 수다. 순환소수로 1은 1.000…이라고 쓸 수 있다. 또는 그보다 덜 직관적이지만, 앞에서 살펴보았듯이 0.999…도 된다.

1은 집합론과 수 체계의 공리화 같은 수학의 근본적인 영역에서 결정적인 역할을 한다. 일반적으로 자연수 체계의 기초로 받아들이는 표준 규칙, 즉 공리에서 1은 0의 '계승자' 역할을 한다. 다시 말해, 집합의 다음 원소를 만드는 매개체라는 것이다.

철학의 영역에서 1은 흔히 현실의 진정한 혹은 궁극적인 상태로 여겨진다. 이런 관점에 따르면 우리 눈에 보이는 많은 것은 환영이다. 그리고 결국 모든 것은 나눌 수 없고 서로 이어진 전체의 일부다. 물리학에서도 대체로 이런 관념에 동의한다. 중력과 같은 상호작동 때문에 자연의 어떤 것도 고립되어 존재한다고 생각할 수 없기 때문이다. 게다가 우주론자에 따르면, 우주의 모든 물질과 에너지는 138억 년 전에 한순간에 한 점에서 한번에 생겨났다. 피타고라스주의자도 대체로 비슷한 관점을 지녔다. 모든 창조물은 모나드(1) – 최초로 존재한 것 – 에서 비롯했고, 여기서 디아드(2)가 나왔으며, 이는 모든 수의 원천이 되었다는 것이다.

1의 개념은 음수인 −1보다 훨씬 전에 생겨났다. 0과 마찬가지로 음수는 애초에 존재해야 할 이유가 명확하지 않았기 때문에 시간이 지난 뒤에야 발명(혹은 발견)할 수 있었다. 양 −3마리나 고기 −8덩어리를 가질 수는 없는 노릇 아닌가. 하지만 시간이 지나자 음수는 수학 자체만이 아니라 실용적인 일상의 문제에도 유용하다는 사실이 드러났다. 그리고 여러 세기가 지난 뒤에 수학자는 음수의 제곱근을 궁금해 하기 시작했다. 25의 제곱근이 5라는 사실은 누구나 안다. 하지만 어떤 수를 제곱해야 −25가 될까? 즉, $x^2=-25$라는 방정식의 답은 무엇일까? 양수와 음수를 향해 끝없이 뻗어 있는 수직선 위에 놓인 수인 실수가 될 수는 없었다. 뭔가 새로운 녀석, 전에는 한 번도 본 적이 없는 수여야 했다. 17세기, 심지어는 그 이전의 몇몇 수학자는 제곱하면 음수가 나오는 수가 있을 가능성을 진지하게 고려하기 시작했다. 다른 이들은 그런 생각을 조롱했고 그런 수를 '허수'라고 불렀다. 오해의 여지가 있지만 그 이름은 그대로 살아남았고, $\sqrt{-1}$은 지금도 허수의 단위, 혹은 간단히 표기해서 i로 알려져 있다.

네 번째 우주 최고의 수, 허수(i)

π와 e, 1이 상위 7위 안에 들어가는 이유는 이해하기 쉽다. 수학과 현실 세계 양쪽에 매우 흔하며, 우리가 통상적인 방법으로

측정하고 다룰 수 있는 양수이기 때문이다. 하지만 언뜻 보면 i 는 어떤 명예든 받을 만한 자격이 있어 보이지 않는다. 학교에서 고급 수학 수업을 듣거나 수학이나 물리학을 전공하지 않으면 좀처럼 보기 어렵다. 그리고 일상에서는 절대 만날 일이 없다. 그럼에도 불구하고 i는 아주 특별하다. 일단 i는 실수를 크게 확장하는 전체 수 체계의 기반이다. 복소수라고 불리는 이 체계의 발견은 수학의 거대한 영역을 새롭게 열어주었다. 천문학자가 태양계 너머에 상상하기 어려울 정도로 큰 우주가 있다는 사실을 알게 된 것과 같다. i는 복소수의 기본 단위다. $5+2i$ 같은 수는 실수 부분과 허수 부분을 모두 갖고 있다. 복소수와 복소해석학(복소 함수를 연구하는 분야)은 정수론과 대수기하학을 비롯한 많은 응용 수학 분야에서 중대한 돌파구를 제공했다.

현대 물리학은 i 없이는 사실상 가능하지 않았을 것이다. 양자역학의 기본적인 방정식인 슈뢰딩거 방정식에는 i가 있고, 파동함수라 불리는 그 해는 복소수다. 고전 물리학에서조차 물이나 빛의 파동 같은 모종의 주기적인 운동을 모형으로 만들어야 할 때는 i가 등장한다. 실수만 있어도 영원히 흔들리는 진자 같은 이상적인 상황을 충분히 묘사할 수는 있다. 하지만 진자의 움직임을 방해하는 마찰 같은 복잡한 요소가 들어가면, 방정식에 i를 넣어야 수학적으로 그 문제를 다루는 최선의 방법이 된다. 유체의 움직임이 불안정해지며 난류가 생기려고 하는 유체역학 문제를 풀 때도 마찬가지다. 아인슈타인의 일반상대성이론에서 시간의 간격은 거리에 i를 곱한 것으로 생각할 수 있다. 전기공학에서 i는 교류의 진폭이나 위상을 나타낼 필요가 있을 때마다 쓰인다. 다만 전기공학자들은 전류를 나타내는 기호와 헷갈리지 않도록 −1의 제곱근을 나타내는 기호로 i 대신 j를 선호한다.

다섯 번째 우주 최고의 수, 영(0)

지금까지 우리는 우주를 지배하는 7인방으로 π와 e, 1, i를 거론했다. 이 명예의 전당에는 0도 들어가야 한다. 2장에서 여러 이유를 설명했으므로 여기서 다시 말할 필요는 없을 것이다. 놀랍게도, 이 다섯 개의 슈퍼스타 수는 오일러 항등식이라는 공식 하나에 다 같이 등장한다.

$$e^{i\pi} + 1 = 0$$

이 불가사의한 방정식은 수학에서 중요한 다섯 가지 수를 네 가지 기본 연산(덧셈, 곱셈, 지수, 등호)을 가지고 더할 나위 없이 간단한 방식으로 연결한다. 미국의 물리학자 리처드 파인만 Richard Feynman은 이 식을 '수학에서 가장 놀라운 공식'이라고 불렀다. 19세기의 철학자이자 수학자였던 벤자민 피어스 Benjamin Peirce는 하버드대학교에서 강의하던 도중 이 항등식을 증명한 뒤 이렇게 말했다. "우리는 그것을 이해할 수 없다. 그리고 그게 무슨 뜻인지도 모른다. 하지만 우리는 증명했다. 따라서 우리는 그게 진리일 수밖에 없음을 알고 있다."

사실 오일러의 항등식을 증명하는 건 그리 어렵지 않다. 간단한 연산과 복소수를 이용한 미적분만 이용하면 된다. 알고 보면 그 공식의 지수 부분은 복소평면에서 입자(움직이는 점)의 운동을 기하학적으로 우아하게 해석할 수 있다. 지수 함수를 따른다면 복소평면 위의 점 1에서 출발하는 입자는 출발점으로부터의 거리와 같은 속도로 움직인다. 따라서 입자는 점점 더 빨리 멀어지게 된다. 실수에 적용한다면, 입자는 점점 더 빠른 속도로 출발점에서 점점 더 멀어지며 임의의 시간 t에 대해 e^t값에 도달한다. 하지만 허수에 적용하면, 입자의 속도가 위치에 대해 90도 방향이 된다. 따라서 입자의 경로가 원을 그린다. 원을 완전히 한 바퀴 도는 데 걸리는 시간은 2π가(원의 둘레가 $2\pi r$이므로) 된다. 따라서 π만큼 시간이 지나면 입자는 원을 반 바퀴 돌아 -1 위치에 오게 된다. 이런 식으로도 $e^{i\pi}=-1$을 설명할 수 있다.

여섯 번째 우주 최고의 수, 오일러-마스케로니 상수(γ)

발표한 연구의 양으로 보면 레온하르트 오일러는 그 누구보다도 많은 성과를 남겼다. 다양한 분야에서 연구했으며, 역사상 가장 유명한 수학자 중 한 명으로 꼽히기도 한다. 오일러가 선구적인 역할을 했던 수학 분야의 많은 결과물, 정리, 대상에 이름을 남긴 것도 전혀 놀라운 일이 아니다. 이 장에서만 이미 우리는 오일러 수(e)와 오일러 항등식을 접했다. 그다음에 만날 것은 오일러 상수다. 오일러는 1735년 저서 『조화급수에 관한 고찰』에서 이 수를 소수 다섯 자리까지 구했다. 1781년에는 근삿값을 소수 16자리까지 구했으며, 그로부터 9년 뒤 이탈리아 수학자 로렌조 마스케로니 Lorenzo Mascheroni가 32자리까지 구했다.

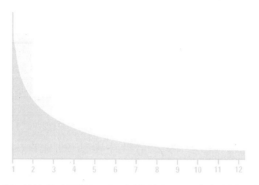

오일러-마스케로니 상수를 시각화한 그래프. 밝은 회색으로 표시된 부분은 x가 무한으로 갈 때 1 + 1/2 + 1/3 + 1/4 … +1/x과 ln(x)(1/x의 적분으로, 진은 회색으로 표시되었다)의 차로, 오일러-마스케로니 상수에 수렴한다.

그래서 이 상수는 오일러−마스케로니 상수라고도 불린다. 그러나 이 이탈리아인이 그럴 만한 자격을 갖추었는지에 관해서는 논란의 여지가 있다. 왜냐하면 마지막 13자리가 틀렸기 때문이다! π나 e보다는 덜 유명하지만, 오일러 혹은 오일러−마스케로니 상수도 똑같은 이유로(수학의 여러 분야에서 수도 없이 모습을 드러내며 중요한 결과 및 공식과 큰 관련이 있기 때문에) 상위 7위에 이름을 올릴 수 있다. 오늘날 오일러 상수는 γ(소문자 감마)로 나타낸다. Γ(대문자 감마)로 나타내는 감마 함수(계승 함수를 일반화한 것)라는 중요한 함수와 긴밀한 관계가 있기 때문이다. 이 상수는 다음 식에서 n이 점점 커질 때 가까워지는 값으로 정의하는 게 가장 쉽다.

$$\gamma = 1 + 1/2 + 1/3 + 1/4 \cdots + 1/n - \ln(n).$$

더 기묘한 수학책

여기서 ln은 자연로그를 뜻한다. ln(n)은 e를 거듭제곱했을 때 n이 나오는 값이다. 예를 들어, n이 1,000일 때 ln(n)은 대략 6.908이다. $e^{6.908}$이 대략 1,000이기 때문이다. 조화급수라고 불리는 급수 1+1/2+1/3+1/4…+1/n의 값은 n이 증가함에 따라 아주 천천히 증가한다. 하지만 발산하지는 않는다. (즉, 무한히 커지지 않는다.) ln(n)도 마찬가지다. γ는 어쩌다 보니 n이 무한히 증가함에 따라 천천히 발산하는 이 두 함수의 차와 같다.

0.57721566…로 시작하는 γ 값은 컴퓨터로 소수점 아래 1,000억 자리 너머까지 계산이 되어 있다. 그런데 놀랍게도, 우리는 γ가 실제로 어떤 종류의 수인지를 모른다. 실수는 유리수 아니면 무리수이고, 무리수는 대수적algebreic이거나 초월적transcendental이다. 예를 들어, 2와 3.13, 1/3이 유리수라는 건 분명하다. 마찬가지로 π와 e, $\sqrt{2}$가 무리수라는 사실도 확실하다. 게다가 π와 e는 둘 다 초월적이고, $\sqrt{2}$는 대수적이라는 사실도 우리는 알고 있다. 그런데 이상한 소리지만, 그렇게 중요하고 어디서나 찾아볼 수 있음에도 우리는 γ가 초월적인지는 고사하고 유리수인지 무리수인지도 모른다. 사실 γ의 정체를 밝히는 건 수학의 주요 난제 중 하나다. 다비트 힐베르트David Hilbert는 생전에 그 문제에 '접근할 수 없다'고 생각했다. 정수론의 두 대가인 영국 수학자 존 콘웨이와 리처드 가이Richard Guy는 "그 수가 초월적이라는 데 걸 수 있다"고 말한 바 있다. 당장으로서는 만약 γ가 유리수라면, 다시 말해 a와 b가 둘 다 정수일 때 a/b 형태로 나타낼 수 있다면, b는 적어도 10^{242080}이 되어야 한다는 사실밖에 알 수 없다.

γ와 비슷하면서 특별히 소수에 적용되는 소수가 있는데, 마이셀-메르텐스 상수라고 한다. 다음 급수를 보자.

$$N = 1/2 + 1/3 + 1/5 + 1/7 + 1/11 \cdots + 1/n - \ln(\ln(n))$$

마이셀-메르텐스 상수 M은 n이 무한히 커질 때 N의 극한값으로 정의한다. 즉, n이 점점 커짐에 따라 이 급수가 점점 가까워지는 값이라는 뜻이다. $\ln(\ln(n))$과의 차인 M이 약 0.2615에 불과하다는 사실을 보면 소수의 역수의 합이 엄청나게 천천히 발산한다는 사실을 알 수 있다. 비록 $\ln(\ln(n))$이 무한으로 발산한다는 사실을 알아도 늘어나는 속도만 보면 절대 그런 생각이 들지 않을 정도다. n이 구골, 즉 10^{100}이 될 때 $\ln(\ln(n))$은 기껏해야 5.4쯤이다. n이 현기증이 날 정도로 큰 수인 구골플렉스(10^{googol}), 그러니까 너무나 거대해서 쿼크만 한 크기로 0을 쓴다 해도 우주에 공간이 모자랄 정도인 수에 도달해도 $\ln(\ln(n))$은 여전히 231 정도에 불과하다.

γ 자체는 정수론과 해석학(미적분을 포함한다), 그리고 함수를 다룰 때 많이 등장한다. 대부분의 사람은 잘 모르겠지만, 이와 같은 γ의 등장은 수학자와 과학자 모두에게 관심의 대상이다. 예를 들어, γ는 이전의 극단값을 알고 있을 때 미래의 최댓값과 최솟값을 예측하는 데 쓰이는 '검벨 분포'라는 개념의 핵심이다. 이는 특정 기간에 화산 폭발이나 지진 같은 자연재해가 일어날 가능성을 예측하는 데 매우 쓸모가 있다. γ는 앞서 언급했던 감마 함수 Γ에서 지닌 역할을 통해 암호 체계의 모형화와 그에 따

른 안전한 금융 거래와도 관련이 있다. 또한, 도파관 안테나 설계와 막의 진동, 물질을 통한 열의 전도 등 – 모두 휴대전화를 설계하는 데 관련이 있는 문제다 – 파동 비슷한 체계를 모형화하는 데 쓰이는 베셀 함수의 해에서도 나타난다.

일곱 번째 우주 최고의 수, 알레프-널($\aleph_0$)

'빅 세븐'의 마지막, 그렇다고 결코 중요성이 떨어지는 건 아닌 수는 우리가 상상할 길이 없다. 철학자는 오래전부터 무한에 관해 고심했지만, 수학자는 으레 회피하곤 했다. 예를 들어, 수학자는 수에 끝이 없으며 수직선은 어느 방향으로든 무한히 뻗어나갈 수 있다는 사실은 인정했다. 하지만 수학적인 대상으로 무한을 다루는 건 꺼렸다. 그러던 어느 날 게오르그 칸토어Georg Cantor가 나타나 맹렬한 반대에도 불구하고 집합론과 서로 다른 무한의 존재를 확립했다.

칸토어는 가장 작은 무한, 즉 모든 자연수 집합의 크기를 알레프-널($\aleph_0$)이라고 불렀다. 알레프는 히브리 알파벳의 첫 번째 문자다. 알레프-널은 초한수transfinite number라고 불리는 수의 첫 번째다. 여러분은 때때로 무한이 수가 아니며, 사실은 다른 종류의 수라는 이야기를 들었을지도 모른다. 초한수는 엄격한 규칙에 따르며 우리가 알 수 있고 분석할 수 있는 방식으로 행동한다. 다만 그 행동이 우리가 익숙한 그 어떤 것과도 완전히 다를 뿐이다.

$\aleph_0$에 어떤 수를 더해도 아무 변화가 생기지 않는다. $\aleph_0+1$

$= \aleph_0 \cdot \aleph_0 + 1000 = \aleph_0$ 이다. $\aleph_0$을 더하거나 $\aleph_0$을 어떤 유한한 수 번만큼 곱해도 여전히 결과는 $\aleph_0$이다. 도무지 어떻게 해도 바꿀 수가 없을 것 같아 보인다. 하지만 다른 종류의 무한으로 건너뛰는 방법이 있다. 그리고 그 방법은 $\aleph_0$을 지수로 쓰는 것이다. $2^{\aleph_0}$라고 쓰는 순간, 혹은 어떤 유한한 수나 심지어는 $\aleph_0$을 $\aleph_0$로 거듭제곱하는 순간 우리는 무한의 계층을 타고 올라가 알레프-1, $\aleph_1$에 도달한다('연속체 가설'이라는 게 사실이라고 가정한다면 말이다 – 여기에 관해서는 13장에서 자세히 이야기하겠다). $\aleph_0$가 아무리 강력해도 단지 무한히 많은 무한 중의 첫 번째에 불과하다. 각각의 무한은 바로 앞에 있는 무한보다 무한히 더 크다. 머리가 어질어질하지만, 어쩔 수 없다. 머리는 유한하니까.

$\aleph_0$이 우리의 일곱 가지 위대한 수에 들어오는 건 단순히 크기 때문이 아니라 진정으로 중요한 수학적 대상을 대표하기 때문이다. 학교 수학 수업에서 급수의 극한을 접하거나 미적분학 기초를 배우는 사람이라면 무한을 만나게 될 것이다. 사실 무한 개념은 미적분의 기초를 이루는 실해석학이라는 분야 전체를 뒷받침한다. 또한, 확률과 관련한 문제를 깊숙이 꿰뚫어 볼 수 있게 해주는 측도론의 핵심이기도 하다. 물리학에서 양자역학을 공식화할 때 쓰는 힐베르트 공간은 크기뿐만 아니라 차원에서도 무한하다. 마지막으로, $\aleph_0$에서 유래했으면서 그것을 한참 더 넘어선 초한수는 수학에서 가장 근본적인 여러 문제와 '급성장 계층'이라는 함수를 통해 인간이 여지껏 상상할 수 있었던 가장 큰 유한수를 만드는 일에 쓰인다.

4장

거울 나라의
앨리스

그 의미를 넓게 정의하든 좁게 정의하든, 대칭은 인간이 오랜 세월에 걸쳐 질서와 아름다움과 완벽함을 이해하고 창조하기 위해 추구했던 개념이다.

- 헤르만 바일

케이 씨는 우리 중 한 사람(데이비드)의 학교 수학 교사였는데, 나이 많은 학생들에게 다음과 같은 질문을 즐겨 했다. "우주에 대칭이 어떻게 생겨났을까요? 전 그게 알고 싶습니다." 그건 왜 아무것도 없는 대신 무언가가 있냐는 질문만큼이나 기본적인 수수께끼다. 왜 대칭이 아니라 비대칭이 있는 걸까? 다르게 표현하자면, 우주는 어떻게 (어떤 것의) 한쪽과 다른 쪽을 구분하게 되었을까?

대칭과 비대칭은 거의 모든 곳에 공존한다. 앞이나 뒤에서 본 사람의 몸은 겉으로 보기에 양쪽이 어느 정도 대칭이다. 얼굴은 대칭일 때 더욱 매력적으로 느껴지지만, 대부분은 놀라울 정도로 비대칭이다. 몸속은 대칭과 비대칭이 섞여 있다. 수학과 자연의 경우도 마찬가지다.

수학에서, 그리고 삶에서 우리가 처음으로 마주치는 대칭의 사례는 우리 주변과 기하학에 있는 물체다. 어떤 물체는 한쪽과 반대쪽이 똑같다는 사실을 알 수 있다. 우리가 선대칭이라고 부르는 종류고, 거울에 비추었을 때 똑같은 모양이 보인다. 인쇄체 알파벳 대문자는 선대칭 도형의 여러 사례를 보여준다. M이나 C 같은 문자는 선 하나에 대칭이다. G와 같은 문자는 대칭이 아니다. H는 선 두 개, 수직선 하나 수평선 하나에 대칭이다. X와 Y는 두 가지 흥미로운 사례다. 전자는 여기 인쇄된 모습대로라면 선 두 개에 대칭이지만, 네 개에 대칭이 되도록(X의 내각이 모두 90도일 때) 쓸 수도 있다. 이 경우 X를 양분하는 수평선과 수직선, 그리고 두 대각선에 대칭이 된다. 여기에 인쇄된 Y는 오직 선 하나에만 대칭이다. 하지만 선 세 개에 대칭이 되도록(Y의 내각이 모두 120도이고, 각 선분의 길이가 모두 똑같을 때) 쓸 수 있다.

대칭에 관해 생각할 때 거울은 매혹적인 존재다. 왜 거울은 왼쪽과 오른쪽만 바꾸고 위와 아래는 바꾸지 않는 걸까? 이 질문은 잡지나 신문의 질문/답변란에 꾸준히 나타난다. 그리고 루이스 캐럴Lewis Carroll의 『거울 나라의 앨리스』에 영감을 주기도 했다. 1868년 말의 어느 날 앨리스 라이크스라는 이름의 소녀가 런던 온슬로 스퀘어에 있는 자신의 집 정원에서 놀고 있었다. 그 이웃에는 찰스 도지슨(루이스 캐럴)이 삼촌과 지냈던 집이 있었다. 어느 날 캐럴이 소녀를 불렀다. "너도 앨리스로구나, 나는 앨리스를 아주 좋아해(캐럴의 유명한 책은 옥스퍼드 크라이스트처치 칼리지 학장의 딸인 앨리스 리들의 이름을 따 제목을 지었다). 여기로 와

기울 속으로 들어가는 앨리스 존 테니얼의 그림.

서 수수께끼 같은 것을 보지 않을래?" 소녀는 캐럴을 따라 캐럴의 삼촌 집으로 가 한쪽 구석에 커다란 거울이 서 있는 방으로 들어갔다. 캐럴은 소녀에게 오렌지를 들고 있으라고 한다.

"이제 먼저 네가 어느 손에 오렌지를 들고 있는지 말해주렴?"
"오른손이요."
"이제 가서 거울 앞에 서봐. 그리고 거울 속의 여자애가 어느 손에 오렌지를 들고 있는지 말해줘."
"왼손이요."
"그렇지. 그걸 어떻게 설명할 수 있을까?"
"만약 제가 거울 건너편에 서 있는 거라면 오렌지는 계속 제 오른손에 있지 않을까요?"

"잘했어, 앨리스. 내가 들어본 것 중에 가장 훌륭한 답이로구나."

훗날 이 대화를 떠올린 앨리스 라이크스(윌슨 폭스 부인)는 이렇게 말했다. "그때는 더 이야기가 없었지만, 수년 뒤에 그 일이 『거울 나라의 앨리스』를 떠올리게 된 계기가 되었다고 들었어요. 그분은 정기적으로 그 책과 그분의 다른 책을 제게 보내주시지요."

다시 아까 질문으로 돌아가자. 만약 거울이 왼쪽과 오른쪽을 바꾼다면, 위와 아래도 바꾸어야 하지 않을까? 흔히 들을 수 있는 답은 거울이 왼쪽과 오른쪽을 바꾸지 않는다는 것이다. 거울은 앞과 뒤를 뒤집는다. 이건 분명한 사실이다. 거울 속에 비친 여러분의 모습은 진짜 여러분과 반대 방향을 바라보고 있다. 하지만 이 짧은 설명만으로는 의문이 완전히 해소되지 않는다. 만약 거울이 없고 그 자리에 서 있는 여러분의 살아있는 쌍둥이를 바라보고 있다고 상상하면, 그 쌍둥이는 자주 쓰는 손이 완전히 반대인 게 사실이다. 만약 여러분이 왼손에 시계를 차고 있다면, 여러분을 마주 보는 사람은 오른손에 차고 있다. 거울이 정말로 왼쪽과 오른쪽을 바꾸어 놓은 것이다! 아무튼 왼쪽과 오른쪽에 생긴 일이 위와 아래에는 생기지 않았다. 좀 더 확실히 알고 싶다면, 거울을 향해 이 책을 든 채로 읽어보자. 만약 왼쪽 오른쪽이 바뀌지 않았다면, 왜 반사된 글자를 읽기가 그렇게 어려운 걸까? 첫째, 여러분은 단지 상을 보고 있을 뿐이라는 사실을 기억하자. 거울이 방향이 반대인 무언가를 만들어낸(캐럴의

더 기묘한 수학책

판타지는 다른 이야기이고) 건 아니다. 둘째, 앨리스 라이크스가 그랬던 것처럼 거울의 관점에서 글자가 어떻게 보일지를 헤아려보자. 종이 반대편에서(뒷장에서 앞장 방향으로. 그러면 반사 때문에 앞뒤가 뒤집힌 것을 다시 뒤집을 수 있다) 글자를 보면 쉽게 해볼 수 있다. 거울의 관점에서 보면 글자는 완전히 정상이다.

2차원에서의 대칭의 종류

자연에서는 이런 '거울 역전'이 상당히 많이 일어난다. 일란성 쌍둥이의 경우 수태 일주일 이후에(하지만 융합될 정도로 늦지는 않게) 분리될 때 일어날 수 있다. 거울상은 서로 반대쪽에 있는 머리 가마, 쌍둥이 한 명은 오른손잡이이고 다른 한 명은 왼손잡이인 경우, 반대쪽에서 돋아나는 치아, 서로 반대쪽으로 다리를 꼬는 습관 등의 형태로 나타날 수 있고, 극단적인 경우에는 장기가 왼쪽에서 오른쪽으로 뒤집혀 있을 수도 있다. 거울상 쌍둥이의 DNA를 검사하면 아무런 차이가 없이 동일하다. DNA 분자의 이중나선 구조는 언제나 똑같은 방향으로 꼬인다. 하지만 왼쪽이나 오른쪽 형태를 지닌 유기 분자(탄소 기반)는 많다. 화학에서는 이런 성질을 '손대칭성'이라고 부른다. 손대칭성 분자의 거울상은 거울상 이성질체 또는 광학 이성질체라고 하며, 각각의 광학 이성질체는 왼손잡이성 또는 오른손잡이성이라고 말한다. 화학자가 어떤 물질에 편광(진행 방향에 수직인 한 평면 위에서만 진동하는 빛)을 통과시키면 왼손잡이성인지 오른손잡이성인지 구분할 수 있다. 오른손잡이성, 또는 우회전성 분자는 편광면을 오른쪽으로 회전시키고, 왼손잡이성 또는 좌회전성 분자는 왼쪽으로 회전시킨다.

당이나 단백질의 구성 성분인 천연 아미노산을 비롯한 생물학적으로 중요한 많은 분자가 손대칭성이다. 지구의 생명체에게 있는 당은 대부분이 우회전성(D)인 반면, 아미노산은 대부분이 좌회전성(L)이다. 재미있게도 우리의 미각과 후각 수용체도 손대칭성이라 서로 다른 L형, R형 분자에 반응한다. 예를 들어 L형 아미노산은 대개 아무 맛이 나지 않지만, D형은 달콤한 맛이 난다. 카르본이라는 화학 성분은 스피아민트 잎과 캐러웨이 씨 양쪽에 모두 들어 있지만, 우리의 미뢰와 후각 수용체가 스피아민트의 좌회전성 카르본과 캐러웨이의 우회전성 카르본에 다르게 반응하기 때문에 맛과 향이 매우 다르다.

선대칭 또는 반사대칭이라고도 불리는 거울대칭은 기하학에서 생길 수 있는 여러 대칭의 한 형태일 뿐이다. 또 다른 예로 회전대칭이 있다. 어떤 점(2차원에서)이나 축(3차원에서)을 중심으로 어느 정도 회전했을 때 똑같은 모양이 나오는 대칭이다. 다시 똑같은 모양이 나오게 하는 회전 각도는 180도, 120도, 90도일 수도 있고, 정수 n에 대해 360도/n이 될 수도 있다. 선대칭이 아니어도 회전대칭이 되는 도형도 있다. 예를 들어, 알파벳 N은 차수가 2인 회전대칭이다. 가운데를 중심으로 180도 회전하면 똑같은 모양이 나온다는 뜻이다. 하지만 대칭축이 두 개 이상인 선대칭 도형은 반드시 회전대칭이 가능하다. 특히 대칭축이 정확히 n개인 도형은 반드시 차수가 n인 회전대칭이 된다(360도/n만큼 회전하면 똑같은 모양이 된다).

알파벳 O는 재미있는 사례다. 타원 모양일 때는 대칭축이 두 개뿐이고, 따라서 차수가 2인 회전대칭이다. 그러나 만약 O를 완벽한 원으로 쓴다면, 흥미로운 일이 벌어진다. 대칭축이 무한해지고(중심을 지나는 어떤 선이든 대칭축이 된다), 가운데를 중심으로 어느 각도로 회전해도 똑같은 모양이다. 평면 위에서 어떤 도형이 이와 같은 대칭성을 보이려면 반드시 동심원으로만 이루어져야 한다.

우리가 학교에서 배우는 기하학에는 선대칭과 회전대칭이 많이 나온다. 하지만 다른 대칭은 그다지 많이 접하지 못한다. 그런 것 중 하나가 평행이동대칭으로, 평면 위에서 어떤 도형을 움직였을 때 모양이 똑같은 경우를 말한다. 벌집 모양 패턴은 세 방향으로 이 평행이동대칭을 보여준다. 모두 크기와 방향이 같은 정육각형이 직소 퍼즐처럼 꼭 들어맞게 놓여있기 때문이다. 물론 실제 벌집은 크기가 유한하지만, 평행이동대칭은 무한한 패턴에서만 볼 수 있는 특징이다. 그래서 우리는 벌집이 사방으로 끝없이 뻗어 있다고 상상해야 한다. 자기 자신 위를 움직이는 직선도 무한히 평행이동할 수 있다. 그러나 이 경우와 벌집 패턴이나 정사각형 타일과 같은 무한한 주기적 타일의 차이는 후자가 개별적으로 분리되어 있다는 점이다. 다시 말해, 타일은 어떤 정해진 양의 배수만큼 평행이동해야 한다. 직선처럼 거리와 상관없이 평행이동할 수가 없다.

네 번째는 미끄럼반사대칭이다. 미끄럼반사는 직선에 대해 도형을 반사한 뒤 지선과 똑같은 방향으로 움직이는 것이다. 평행이동대칭과 마찬가지로 유한한 도형에서는 생길 수 없다. 사

실 미끄럼반사대칭인 도형이 있다면, 그 도형은 반드시 유한한 패턴의 일부여야 하며 평행이동대칭이어야 한다.

평면 위의 모든 기하학적 대칭은 (대칭이 평면을 구부리거나 늘릴 수 없는 한) 이 네 가지 – 반사, 회전, 평행이동, 미끄럼반사 – 중 하나다. 그러나 3차원 이상의 고차원에서는 가운데 대칭(도형이 평면이 아니라 점에 반사될 때)과 스크루 대칭(스크루처럼 축을 중심으로 회전한 뒤 축을 따라 평행이동하는 것) 같은 다른 여러 대칭이 있다.

대칭을 분류하는 깔끔하고 효과적인 방법

특히 3차원 이상에 수많은 종류의 대칭이 존재한다고 하면, 임의의 물체에 대해 대칭을 모두 분류하는 깔끔하고 효과적인 방법이 있냐는 질문이 자연스럽게 떠오른다. 사실 있다. 하지만 그 이야기를 하려면 기초 수학에 나오는 도형의 반사와 회전 같은 익숙한 내용을 떠나 '군론group theory'이라고 하는 훨씬 더 추상적

더 기묘한 수학책

인 영역으로 들어가야 한다. 수학이 다소 헷갈리는 이유 하나는 '집합'이나 '장', '소수' 같은 익숙한 단어에 예상하기 힘들며 아주 구체적인 의미를 부여한다는 점이다. 수학자에게 군group은 똑같은 곱셈표를 공유하는 대상의 집합 혹은 모임이다. 이게 무슨 뜻인가 하면 군에 속한 임의의 원소 a와 b에 대해 사실상 'a와 b의 곱'인 또 다른 원소 a・b가 있다는 것이다. 곱셈이 완전히 임의적일 수는 없다. 집합이 진짜 군이 되려면 몇 가지 성질을 만족해야 한다. 첫째, 결합법칙이 성립해야 한다. 세 개 이상의 원소를 곱할 때 괄호의 위치에 따라 결과가 달라지면 안 된다는 뜻이다. 따라서 (a・b)・c=a・(b・c)이다. 둘째, a・e=a이고 e・a=a가 되는 항등원 e가 있어야 한다. 따라서 e는 우리가 평범한 곱셈을 할 때의 1이나 평범한 덧셈을 할 때의 0과 같은 역할을 한다. 어느 쪽이든 항등원은 결과를 바꾸지 않는다. 마지막으로, 모든 a에 대해 보통 a^{-1}로 나타내는 역원이 있어야 한다. 따라서 $a・a^{-1}=a^{-1}・a=e$이다.

곱셈 순서처럼 평범한 산술을 사용하는 우리에게는 익숙하지만 없어서 눈에 띄는 성질도 있다. 예를 들어, 우리는 $2×3=3×2$라는 데 익숙하다. 하지만 군의 경우에는 항상 a・b=b・a이지 않다(a・b가 항상 b・a인 군은 아벨군이라는 특별한 군으로, 나중에 다시 이야기하겠다). 기본적인 군의 성질을 바탕으로 우리는 몇 가지 중요한 사실을 추론할 수 있다. 예를 들어, 임의의 두 원소 a와 b에 대해 a・c=b인 또 다른 고유한 원소 c가 존재해야 한다.

이제 군을 다루는 데 필요한 필수 장비는 모두 갖추었으니 대칭군symmetry group을 집중적으로 살펴볼 수 있다. 어떤 도형이 하나 있다면, 우리는 그 도형의 모든 대칭, 즉 도형의 겉모습을 바꾸지 않는 모든 변환을 담은 집합을 만들 수 있다. 항등원 e는 간단히 말해 아무것도 바꾸지 않는 '변환'이다. •는 어떤 행동에 이어 어떤 행동을 한다는 뜻으로 여기면 된다. 예를 들어, a • b는 'b를 하고 이어서 a를 한다'를 줄인 것이다. 따라서 만약 a가 'y축에 대해 반사'이고, b가 '180도 회전'이라면, a • b는 '180도 회전한 뒤 y축에 대해 반사'라는 뜻이다. 이건 'x축에 대해 반사'라는 한 가지 행동과 같다. 마지막으로, 역원인 a^{-1}은 간단히 말해 'a를 거꾸로 실행'이라는 뜻이다. 따라서 a가 '시계방향으로 60도 회전'이라면, a^{-1}은 '반시계방향으로 60도 회전'이 된다.

가장 단순한 대칭군은 종이 한 장에 쓴 알파벳 R처럼 완전히 비대칭적인 물체로 만든 것이다. 이 군에는 원소가 하나, 즉 항등원 e밖에 없다. 그리고 이 군의 곱셈표에는 e • e=e만 있다. 이 경우에서 유일한 대칭은 아무 행동도 하지 않을 때이며, 이 군을 '자명군trivial group'이라고 부른다.

자명하지 않은 대칭인 도형 중에서 일부는 이른바 '순환군 cyclic group'으로 설명한다. 차수가 n인 순환군을 이해하는 방식은 여러 가지다. 하지만 •이 덧셈에 상응하고 e가 0에 상응할 때 모듈러modular n(정수 n으로 나누었을 때의 나머지 값을 뜻한다)에 대한 정수의 군과 동일하다. 모듈러 산술은 시계에 비유하기 좋아서 흔히 시계 산술로도 불린다. 아날로그 시계는 모듈러 12로 돌아간다. 7시일 때 8시간을 더하면, 3시가(15시가 아니라) 되는 것이다. 아날로그 시계는 모듈러 12에 대한 정수의 군과 동일하다. 디지털 시계는 보통 24시간 방식을 사용하니 모듈러 24에 대한 정수를 나타낸다. 차수가 n인 회전대칭이지만 선대칭이나 평행이동대칭은 아닌 평면 도형은 대칭군으로 차수가 n인 순환군을 가지며, 이를 Z_n으로 나타낸다.

다른 종류의 대칭군으로는 정이면체군인 D_n이 있다. 이것은 선 n개에 대해 대칭이며 따라서 차수가 n인 회전대칭인 평면 도형의 대칭군이다. 예를 들어, 변이 n개인 정다각형의 대칭군이다. 정이면체군 D_n의 원소는 n개의 회전에 n개의 반사를 더해 2n개다. 순환군과 달리 정이면체군은 아벨군이 아니다. a • b가 언제나 b • a와 같지는 않다는 뜻이다. 이것을 알아보기 위해 a와 b가 정삼각형의 두 가지 반사라고 하자. 한 번 반사한 뒤에 한 번 더 반사해 총 두 번을 반사하면 회전한 것과 같다. 하지만 반사 순서를 거꾸로 하면, 회전은 반대 방향이 된다.

순환군과 정이면체군 외에는 유한한 2차원 대칭군이 없다. 평행이동 대칭인 도형은 무엇이든 무한대칭군을 갖게 된다. 그러나 대칭이 더욱 다양한 3차원 공간에서는 더 복잡한 군이 가능하다. 예를 들어, 사면체의 대칭군은 S_4다. 네 가지 대상의 모든 순열의 군이다. 그런 순열은 '{1, 2, 3, 4}을 {2, 4, 1, 3}로 재배열한다'가 될 수도 있다. '{1, 2, 3, 4}을 {1, 3, 2, 4}로 재배열한다'가 될 수도 있다. 이번에도 항등원은 '아무것도 안 한다'다. 이 군이 사면체의 대칭군과 같다는 사실을 알려면, 사면체의 각 꼭짓점에 숫자를 매겨보자. 사면체를 회전하고 반사하기만 하면 숫자를 우리가 원하는 순서로 재배열할 수 있다.

우리는 도형, 우리가 보거나 상상할 수 있는 물체, 그리고 기하학 전체를 바탕으로 대칭을 생각하는 데 익숙하다. 그러나 대칭은 대수학과 특히 다항 방정식 같은 수학의 다른 분야에서도 중요한 개념이다. 다항 방정식과 같은 방정식에는 $x^5+3x^4-2x+8=0$처럼 x의 거듭제곱이 들어간다. 흔히 다항식의 계수(여기서는 1, 3, 0, 0, −2, 8)가 모두 정수여야 하는데, 방정식의 답은 어떤 실수도 될 수도 있다. 다항식의 해가 되는 수는 대수적 수라고 불린다. 예를 들어, 모든 유리수는 대수적이고, 2의 제곱근도 대수적이다. 하지만 π는 그렇지 않다(초월수다). 대수적 수는 그 자체로 대칭이 될 수 있다. 때로는 어떤 한 해의 형태가 대칭이 되는 공동 해의 형태를 결정짓는 경우도 있다. $1+\sqrt{2}$와 $1-\sqrt{2}$의 경우가 그렇다. $1+\sqrt{2}$를 해로 갖는 모든 다항식은(예를 들어, $x^2-2x-1=0$) $1-\sqrt{2}$도 해로 갖는다.

1차 방정식(x의 최대 차수가 1인)을 푸는 건 시시한 일이다. 예를 들어, $4x+3=0$의 해는 하나로, $x=-3/4$다. 2차 방정식은 언제나 공식을 사용해 풀 수 있다. 만약 $ax^2+bx+c=0$이라고 하면, 해는 다음과 같다.

$$x = \frac{-b \pm \sqrt{b^2-4ac}}{2a}$$

여기서 플러스/마이너스 기호(±)는 +도 되고 −도 된다는 뜻이다. 둘 다 답이며, 원래 방정식을 만족하는 두 개의 x값이 된다. ($b^2-4ac=0$이 아닐 때. 만약 그렇다면 x의 값은 하나다.) 만약 b^2-4ac가 음수라면, x는 실수와 -1의 제곱근인 허수 i로 이루어지는 복소수가 된다. 모든 복소수 $a+bi$에는 대응하는 켤레복소수인 $a-bi$가 있다. 그리고 둘 중 하나가 어떤 다항 방정식의 답이라면, 나머지 하나도 마찬가지다. b^2-4ac가 음수인 2차방정식을 풀려고 노력하다가 복소수를 발견하게 되었다고 생각할지 모르겠지만, 사실 꽤 오랫동안 수학자는 단지 그런 방정식에는 해가 없다고 생각하는 데 그쳤다.

시간이 흐르자 자연스럽게 의문이 떠올랐다. 1, 2차 방정식 말고 다른 다항 방정식도 풀 수 있을까? 르네상스 시대에는 수학자들이 짝을 지어 대결하는 일이 흔했다. 한 사람이 다른 사람에게 풀어보라며 문제를 냈고, 상대는 풀 수 있다는 데 돈을 걸곤 했다. 16세기 이탈리아의 수학자 니콜로 타르탈리아Niccolò Tartaglia와 안토니오 피오레Antonio Fiore도 그런 식으로 대결했다. 니콜로의 성은 원래 폰타나였지만, 이런 시절에 고향인 브레시아가 프랑스에게 약탈당할 때 칼에 턱과 입천장을 베이면서 생긴 언어 장애 때문에 타르탈리아(말더듬이라는 뜻)라는 별명으로 불렸다. 타르탈리아는 피오레가 3차 방정식(가장 높은 x의 차수가 3)의 세 가지 형태 중 한 가지를 풀 수 있다는 사실을 알고 있었다. 그러나 타르탈리아는 세 가지 형태를 모두 풀 수 있었다. 그래서 확실히 승리할 수 있도록 자신은 답을 알고 있지만 피오레를 당황하게 만들 문제를 냈다. 그 뒤인 1539년, 또 다른 이탈리아 수학자 지롤라모 카르다노Girolamo Cardano는 비밀로 간직하겠다며 타르탈리아를 설득해 3차 방정식의 해법을 알아냈다.

니콜로 타르탈리아는 '말더듬'이라는 별명을 안겨준 사건에 관해 이렇게 기록했다. "성당 안에서, 나는 어머니 앞에서 죽음에 이를 법한 부상을 다섯 군데 입었다…. 한 상처는 입과 치아를 자르고 턱과 입천장을 반으로 잘랐다. 그 뒤로 까치처럼 목구멍으로만 말할 수밖에 없었다."

그런데 타르탈리아는 몇 년 뒤에 카르다노가 자신의 책『아르스 마그나(위대한 기법)』에서 그 방법을 자세히 설명했다는 사실을 알고 격분했다. 그걸 보면 유명한 근의 공식으로 2차 방정식을 풀 수 있듯이 누구나 타르탈리아의 일반 공식으로 3차 방정식을 풀 수 있었다. 나중에는 카르다노가 피오레의 스승으로, 3차 방정식을 풀 수 있었던 또 다른 수학자 스키피오네 델 페로Scipione del Ferro의 연구에 대해 알게 되었고 따라서 『아르스 마그나』에 실은 방법이 타르탈리아가 아닌 다른 사람에게서 나왔다고 주장할 수 있다는 게 드러났다.

　카르다노는 델 페로의 방법이 경우에 따라 음수의 제곱근을 구해야 할 때가 있다는 사실을 깨달았다. 본능적으로는 유효한 해가 없는 방정식이라고 결론 내리고 싶었지만, 문제를 무시한다고 해서 없어지는 건 아니었다. 가령 $x^3 - 15x - 4 = 0$처럼 델 페로의 방법으로 풀 때 음수의 제곱근이 나오지만 그럼에도 진짜 해가 있는 3차 방정식이 있었다. 그 당시가 음수조차 의심의 눈길을 받던 시절이라는 점을 감안하면 음수의 제곱근에 관해 이야기한다는 건 완전히 미친 짓으로 보였을 것이다. 『아르스 마그나』에서 카르다노가 그런 기묘한 제곱근을 처리하는 방법을 보여주었지만, 진짜 수로 여기지 않았다는 사실은 분명하다. 그 대신 카르다노는 그것을 단순히 편리한 수단 ─ 정답에 다가가기 위한 유용한 디딤돌 ─ 취급했다. 1572년 라파엘 봄벨리가 저서 『대수학』을 출간하고 난 뒤에야 허수는 수학 나라의 완전한 시민권을 얻었고 그 자체로 의미 있는 존재로 취급받을 수 있게 되었다.

『아르스 마그나』가 나오기도 전인 1540년 카르다노의 제자 중 한 사람인 로도비코 페라리Lodovico Ferrari는 4차 방정식(가장 높은 x의 차수가 4인 다항 방정식)의 해법을 찾아냈다. 『아르스 마그나』에 페라리의 4차 방정식의 해법이 실리자 5차 방정식(가장 높은 x의 차수가 5)의 해법을 찾는 연구가 더욱 활발해졌다. 그러나 이건 훨씬 더 풀기 어려운 문제였다. 그리고 시간이 흐르자 그 이유가 분명해졌다.

1799년 이탈리아의 수학자이자 철학자였던 파올로 루피니Paolo Ruffini는 5차 방정식을 푸는 일반 해법이 없다는 사실을 증명했다. 루피니의 주장은 대부분 옳았지만, 한 가지 중대한 결함이 있다는 사실이 드러났다. 다행히 사반세기 뒤에 노르웨이 수학자 닐스 헨리크 아벨Niels Henrik Abel이 그 결함을 메꾸었고 모든 경우에 적용할 수 있는 5차 방정식의 일반 해법이 없다는 사실을 완전히 증명했다. 아벨의 증명에는 앞서 언급했던, 자신의 이름을 딴 유형의 군인 아벨군이 쓰였다. 아벨의 증명이 5차 방정식의 일반 해법을 찾을 수 있으리라는 기대는 완전히 차단해 버렸지만, 또 다른 가능성은 여전히 열려 있었다. 바로 개별적인 접근으로 5차 방정식을 모두 풀 수 있을 가능성이었다.

8장에서 우리는 에바리스트 갈루아Évariste Galois라는 이름의 다채로운 인물이자 수학 천재를 만나게 될 것이다. 갈루아는 불과 스무 살의 나이에 성급하게 권총 결투에 동의했다가 비극적으로 목숨을 잃었다. 하지만 전날 밤 끝이 다가왔다는 느낌을 받고서는 자신의 가장 중요한 수학적 발견을 필사적으로 기록했다. 갈루아가 마지막 순간에 친구에게 보낸 편지 안에 적어놓은 이 내용은 갈루아 이론이라는 분야의 시작이 되었다.

갈루아는 다항식의 대칭에 관심이 있었다. 갈루아는 모든 다항식에 대해 오늘날 갈루아군으로 불리는 군을 지정했다. 어느 한 다항식의 갈루아군은 다른 다항 방정식이 그대로 보존되는지를 바꾸지 않으면서 그 다항 방정식의 해를 재배열하는 방법을 나타낸다. 예를 들어, $x^2 - 3x + 2 = 0$의 해는 $x=1$과 $x=2$로 두 개다. 재배열은 가능하지 않으므로($x-1=0$과 같은 다항식의 경우 $x=1$은 해가 되지만, $x=2$는 되지 않으므로) 갈루아 군은 원소가 하나뿐인 자명한 군이다. 다른 2차 방정식 $x^2 - 2x - 1 = 0$은 해가 $x=1+\sqrt{2}$과 $x=1-\sqrt{2}$로 두 개다. 그러나 이 경우에는 서로 다른 두 값이 재배열 가능하다. 심지어 이때는 변수가 둘 이상인 다른 다항 방정식도 보존된다. 예를 들어, 앞의 해를 a라고 하고 뒤의 해를 b라고 하면, a+b=2가 되며, 이는 a와 b를 재배열해도 그대로다. 갈루아 군은 위수가 2인 순환군이 된다. 또, M과 같은 문자의 대칭군이기도 하다.

2차 방정식의 경우 갈루아군은 이 둘뿐이고 둘 다 아주 간단하다. 하지만 이 젊은 프랑스 수학자는 더 높은 차수의 다항식은 더욱 흥미로운 갈루아군을 가질 수 있다는 사실을 깨달았다. 갈루아는 핵심적으로 특정 5차 방정식의 갈루아군이 십이면체의 회전대칭군이며, 그런 군으로 나타낼 수 있는 군은 일반적인 연산과 제곱근만 가지고서는 푸는 게 불가능하다는 사실을 보였다.

군론의 발전

갈루아가 세상을 떠난 뒤로 거의 2세기에 걸쳐 군론은 많은 발전을 이루었다. 그중에서 위대한 성과로 꼽히는 것 하나는 유한 단순군의 분류 정리다. 단순군은 자기 자신과 자명군 외에는 다른 부분군이 없다는 점에서 소수와 비슷하다. 이 정리에 따르면 모든 유한 단순군은 18가지 부류 중 하나에 속해 있거나 어떤 패턴에도 들어맞지 않는 26가지 '산재한sporadic' 군 중의 하나여야 한다. 가장 간단한 부류는 소수 위수의 순환군이다. 이들은 p가 소수일 때 덧셈 아래에서 모듈러 p 군이다(p 시간 시계의 군과 똑같다).

그다음으로 간단한 부류는 차수가 5 이상인 교대군alternating group이다. 여러분에게 n개의 수가 있다고 하자. 그리고 한 번씩 어느 한 쌍의 자리를 바꿀 수 있다고 하자. 만약 제한 없이 이렇게 할 수 있다면, 여러분은 그 수 n개의 순열을 모두 만들 수 있다. 그리고 그렇게 생기는 군은 n차 대칭군이 된다. 하지만 짝수 번만 교체할 수 있다는 제한이 있다면, 교대군이 생기게 된다. 예를 들어, (1, 2, 3, 4, 5)을 (2, 1, 4, 3, 5)로 재배열한 순열은 5차 교대군에 속한다. 하지만 (1, 3, 2, 4, 5)로 재배열한 순열은 그렇지 않다. 홀수 번(여기서는 한 번) 바꾸었기 때문이다. 3차 교대군은 이미 분류가 되었고(3차 순환군과 같다), 4차 교대군은 특별한 경우다. 4차 교대군은 정이면체군 D_2를 정규 부분군으로 포함하고 있어서 간단하지는 않다. 하지만 이런 예외를 제외하면, 모든 교대군은 간단하다(예를 들어, 5차 교대군은 십이면체의 회전대칭군이다).

나머지 16가지 부류는 방금 언급한 두 가지보다 훨씬 더 복잡하다. 그리고 통틀어서 노르웨이 수학자 소푸스 리Sophus Lie의 이름을 딴 리 유형의 군으로 불린다. 어떻게도 분류할 수 없는 다른 26가지 군(산재군)은 18가지 부류에 들어가지 못한다. 그중 다섯은 1861년 에밀 마티외Émile Mathieu가 처음 발견해 마티외라는 이름이 붙었다. 산재군에서 가장 큰 건 미국 수학자 로버트 그리스Robert Griess가 1976년에 처음 발견했다. 괴물군Monster group으로 불리는 이 군의 원소는 80.8항하사(10^{52})가 넘어 그리스는 196,883 × 196,883 행렬로 간신히 나타낼 수 있었다. 다른 26가지 산재군 중에서 19가지는 괴물군과 관련이 있는 것으로 드러나 그리스는 이들을 묶어 '행복한 가족'이라고 불렀다. 집 없는 나머지 여섯은 '부랑자pariah'라는 별로 듣기 좋지 않은 이름으로 불린다.

더 기묘한 수학책

리 군의 한 종류인 E_8을 시각적으로 표현한 그림.

군의 분류 정리에는 수십 년에 걸쳐 실로 거대한 증명으로 정점을 찍은 공동 노력이 들어갔다. 아직 손수 검증하는 게 가능하긴 하지만, 그 증명의 길이는 5,000~10,000쪽에 달하며 약 400개의 학술 논문에 걸쳐 있다. 수많은 수학자가 관여하다 보니 어떤 한 사람이 모든 것을 알 수 없어 증명의 진짜 규모는 여전히 모호하다.

지금까지 우리가 주로 이야기한 군, 즉 유한군은 물체의 구조를 보존하는 유한한 수의 변환만이 가능할 때 수학적 혹은 물리적 물체의 대칭에 적용할 수 있다. 하지만 연속적인 변환에 적용할 수 있는 완전히 다른 종류의 군이 있다. 이것을 처음 연구한 사람이 19세기 말의 소푸스 리였기 때문에 리의 이름이 붙어 있다. 헷갈리겠지만, 리 군은 리 유형과 다르다. 앞서 살펴보았 듯이, 리 유형은 유한군이다! 이와 달리 리 군은 연속적인 변환 아래에서 겉모습을 보존하는 물체를 다룬다. 간단한 예가 구다. 구는 아무리 회전해도 모습이 똑같다.

리의 주요 관심사는 방정식을 푸는 것이었다. 리가 연구하 기 시작했을 때는 방정식을 푸는 데 쓸 수 있는 여러 방법이 일 종의 연장통에 들어있는 것 같았다. 전형적인 풀이법 한 가지 는 변수를 영리하게 변경하는 것이었는데, 그러다 보면 변수 하 나가 방정식에서 빠져나가 버리곤 했다. 리는 이런 일이 생기는 게 방정식의 기저에 깔린 대칭(새로운 유형의 군으로 묶을 수 있는 대 칭) 때문이라는 결정적인 내용을 간파했다.

군론의 적용 - 자연계의 대칭

유한군과 연속군을 막론하고 군론은 오늘날 수학과 과학 양 쪽에서 엄청나게 중요하다. 초기에는 결정의 구조를 알아내는 데 쓰였고, 이제는 분자 진동 이론에 깊은 함의를 지니고 있다. 군론은 자연계의 기본 입자와 힘을 연구하는 물리학에 널리 퍼 졌고, 가장 간단한 군의 하나인 모듈러 n에 대한 곱셈군은 여러 분이 인터넷에서 안전하게 정보를 보낼 때마다 쓰인다.

결정은 다양한 구조를 가질 수 있다. 그리고 결정의 대칭군은 격자가 어떻게 형성되는지를 우리가 이해하는 데 도움이 된다. 예를 들어, 암염 결정은 소듐과 염소 이온이 정육면체 격자 구

석영 결정

조를 이루고 있다. 따라서 정육면체의 대칭에 더해 무한한 수의
평행이동 및 관련된 다른 대칭을 모두 갖고 있다. 흥미로운 건
같은 물질의 결정이 미시 구조에서는 분명하게 보이지 않는 특
정 성질을 지닌다는 사실이다. 예를 들어, 크기나 전체 모양과
상관없이 특정 결정의 두 면이 이루는 각은 일정하다. 암염 결
정이 항상 완벽한 정육면체인 건 아니다. 여러 정육면체가 이리
저리 붙어 있는 모습을 하고 있을 때가 많다. 하지만 두 면 사이
의 각은 언제나 90도다. 이렇게 각도가 나타나는 현상을 '결정
습성'이라고 부른다. 그리고 결정습성으로 미시 구조의 대칭군
을 결정할 수 있다. 결정습성은 결정의 종류에 따라 다를 수 있
다. 예를 들어, 다이아몬드의 결정습성은 면심 입방 격자다. 이
것은 원자를 채워 넣는 가장 효율적인 방법으로, 다이아몬드가
가장 단단한 천연 광물이라는 사실을 뒷받침한다.

에너지 보존 법칙과 전하량 보존 법칙 같은 물리학의 보존 법칙도 모두 방정식의 기저에 깔린 대칭에서 나온다. 한때 우리는 세 가지 근본적인 우주의 대칭이 있다고 생각했다. 바로 전하와 반전성, 시간이다. 전하대칭은 모든 물질이 반물질로 바뀌거나 그 반대의 경우에도 물리 법칙은 그대로 유지된다는 뜻이다. 반전성대칭은 근본적으로 물리 법칙이 왼쪽과 오른쪽을 구분하지 않는다는 뜻이다. 따라서 만약 우주가 거울에 반사되어도 모든 법칙은 그대로 유지된다. 마지막으로 시간대칭은 우리가 시간의 방향을 뒤집어도 물리 법칙이 변하지 않는다는 뜻이다.

마지막에 말한 대칭은 언뜻 보기에 매우 반직관적으로 보인다. 예를 들어, 만약 꽃병이 선반에서 떨어져 깨진다면, 물리 법칙에 따라 스스로 다시 서로 붙은 뒤에 선반 위로 뛰어 올라갈 수 있다는 소리가 된다. 사실, 가능한 일이다. 어처구니없는 소리로 들린다는 건 안다. 그런 일이 벌어지지 않는 이유는 열역학 제2 법칙 때문이다. 사실상 물리학적이라기보다는 통계학적이라고 할 수 있는 이 법칙은 무질서한 정도를 나타내는 양인 엔트로피를 다룬다. 엔트로피는 어떤 계의 미시 상태의 수(물리적 특징을 보존하면서 재배열될 수 있는 방법의 수)와 관련이 있다. 예를 들어, 원래 순서로(각 무늬별로 에이스에서 킹까지) 놓여 있는 카드 한 벌은 카드가 최적의 순서로 놓여 있다는 사실을 건드리지 않으면서 바꿀 수 있는 게 거의 없기 때문에 엔트로피가 대단히 낮다. 기껏해야 무늬의 순서를 바꿀 수 있겠지만, 그래봤자 미시 상태의 수는 24개에 불과하다. 반면, 무작위로 섞은 카드 한 벌은 아무렇게나 순서를 바꿀 수 있는 방법이 $52 \times 51 \times 50 \cdots \times 2 \times 1$(8에 0이 67개 붙은 것보다 크다) 가지나 되기 때문에 엔트로피가 높다. 열역학 제2 법칙에 따르면, 엔트로피의 총합은(적어도 물질과 에너지가 들어가지도 나가지도 못하는 고립된 계에서는) 언제나 증가한다. 특별한 경우에 엔트로피가 줄어드는 건 이론적으로 가능하지만, 확률이 극도로 낮다. 이미 아무렇게나 섞여 있는 카드 한 벌을 섞어서 완벽히 순서대로 만들 수는 있겠지만, 그보다는 수천 조의 수천 조 배가 넘는 무질서한 미시 상태 중 하나가 될 확률이 훨씬 더 크다. 마찬가지로, 깨진 꽃병도 온전한 꽃병보다 엔트로피가 훨씬 더 크다. 따라서 꽃병이 다시 멀쩡해져서 선반 뒤로 뛰어 올라가지 않는 건 물리 법칙이 허용하지 않아서가 아니라 깨져 있는 수없이 많은 미시 상태 중의 하나로 있을 확률이 압도적으로 크기 때문이다.

따라서 열역학 제2 법칙은 세 가지 주요 대칭을 그대로 유지하면서 우리 눈에 보이는 시간의 비대칭성을 설명해준다. 자연의 네 가지 기본 힘 중에서 셋 – 중력, 전자기력, 강한 핵력 – 은 세 가지 기본 대칭(전하, 반전성, 시간)을 모두 따른다는 사실이 밝혀졌다. 물리학자들은 마지막으로 남은 약한 핵력도 곧 뒤를 따르리라 생각했다. 하지만 1956년 중국계 미국인 물리학자 우젠슝Chien-Shiung Wu은 극저온 상태인 코발트의 방사성 동위원소 코발트-60이 자기장에서 붕괴하는 과정을 측정하는 실험을 진행했다. 코발트-60은 붕괴하면서 전자를 방출한다. 우는 이 전자가 특정 방향(핵 스핀의 반대 방향)으로 방출될 가능성이 훨씬 더 크다는 사실을 관찰했다. 만약 반전성대칭이 보존된다면, 우

윌킨슨 마이크로웨이브 비등방성 탐사선(WMAP)이 관측한 결과로 만든 초기 우주의 모습이다. 사진에서 보이는 137.7억 년 전 온도의 요동은 훗날 은하로 자라나는 씨앗에 상응한다. 밝은 영역이 어두움 영역보다 온도가 살짝 더 높다.

리 우주의 거울상에서도 그래야 했다. 즉, 전자가 방출되는 방향은 똑같아야 했다. 그러나 우젠슝은 방향이 뒤집힌다는 사실을 보였다.

반전성대칭의 실패는 물리학계를 충격에 빠뜨렸다. "그건 완전히 말도 안 돼!" 탁월한 이론물리학자 볼프강 파울리Wolfgang Pauli는 이렇게 말했다. 다른 이들은 서둘러 실험을 재현했고, 상당수는 우젠슝이 실수를 저지른 게 분명하다고 생각했다. 하지만 전부 그 실험 결과는 다시 확인하는 데 그쳤다. 반전성대칭이 정말로 깨졌던 것이다. 일부 물리학자는 반물질이 물질의 거울상과 동일하다고 주장하며(따라서 우젠슝의 실험에서 반코발트는 코발트의 정확한 거울상과 똑같은 행동을 보여야 했다) CP대칭*은 보존될지도 모른다는 가능성에 매달렸다. 그러나 1964년 CP대칭

....
* 전하(C) 대칭과 반전성(P) 대칭의 조합

마저 깨지고 말았다. 시간대칭도 깨졌다. 단순히 열역학 제2 법칙이라는 통계적인 수준에서가 아니라 기본 입자와 기본 힘이라는 가장 근본적인 수준에서 깨진 것이다. 이제 우주의 진정한 대칭이 될 후보는 CPT대칭밖에 남지 않았다. CPT대칭에 따르면, 만약 전하와 반전성, 시간 세 가지 모두를 뒤집어도 우주의 물리 법칙은 동일하다. 이것은 예를 들어 CP대칭 깨짐이 시간대칭 깨짐과 동일하다는 뜻이다. 현재 우주의 수학 모형에 따르면, CPT대칭은 정말로 깨뜨리기 어렵다. 사실 지금까지 우리가 고안한 어떤 실험도 CPT대칭을 깨뜨리지 못했다. 하지만 그게 진정한 우주의 대칭인지 아니면 우리가 CPT대칭조차 깨진 새로운 이론을 만들어내게 될지는 아직 모른다.

대칭의 세계를 깊숙이 여행했지만, 우리는 아직 케이 씨의 의문을 풀지 못했다. 오히려 문제가 더 늘어난 기분이다. 전하와 반전성, 시간대칭은 어떻게 개별적으로는 다 깨졌으면서 조합만 그대로일까? 왜 우주는 모든 방향으로 동일한, 균질한 가스 구름이 아닌 걸까? 아니, 무엇보다 왜 우주 초기에 물질과 반물질이 똑같이 남아서 서로 소멸하고 방사선만 남기지 않은 걸까?

우주의 극초기에 불균일함이 있었다는 사실은 2001년에 발사되어 9년 동안 임무를 수행한 윌킨슨 마이크로웨이브 비등방성 탐사선 Wilkinson Microwave Anisotropy Probe: WMAP으로 확인할 수 있었다. WMAP은 빅뱅의 희미한 흔적인 우주배경복사에서 우주의 다른 곳보다 아주 조금 더 따뜻한 영역과 일치하는 작은 비대칭을 검출했다. 일단 자리를 잡으면 그런 비대칭은 점점 커져서 마침내 은하와 은하단을 물질이 거의 없는 공간과 나누어

오늘날 우리가 볼 수 있는 덩어리진 우주로 이어질 수 있다. 하지만 여전히 커다란 수수께끼가 남는다. 애초에 비대칭이 어떻게 생겼을까? 비대칭이 없었다면, 지금 우리가 이렇게 질문을 던지고 있을 수도 없었을 것이다. 그러나 이건 가장 심원한 질문이다. 왜 우주는 완벽한 대칭이 아닐까? 그리고 언제 어떻게 비대칭이 시작되었을까?

5장

예술을 위한 수학

나는 창조적인 예술로서의 수학에만 관심이 있다.

- G. H. 하디

수학의 심장부에는 흔히 예술과 음악을 통해서만 가장 잘 드러나는 열정과 활력이 있다. 수학자와 예술가는 물리적 세계에 매장된 똑같은 패턴에 끌린다. 수학의 핵심적인 발전이 예술가와 건축가의 활동 덕분에 이루어졌으며 몇몇 위대한 시각 예술의 선구자가 만든 작품에 수학이 녹아 있다는 사실을 생각하면 놀라운 일이 아니다.

예술에 적용된 수학

수학을 자신의 창조물에 융합한 초창기의 예술자 중 한 사람은 기원전 5세기 그리스의 조각가 폴리클레이토스다. 폴리클레이토스는 청동을 비롯한 여러 재료로 영웅의 상을 만들었다. 그 중 일부는 로마의 대리석 복제본 형태로 오늘날에도 남아있다. 폴리클레이토스 자신에게 영향을 끼쳤을 가능성이 있는 피타고라스와 그 추종자들과 마찬가지로 폴리클레이토스도 수학이 모든 것의 중심에 있으며 예술적 완벽함을 성취하는 데 필수적이라고 생각했다. 운동선수나 신의 상은 모두 균형 잡힌 각 부분을 단순한 수학적 비례에 따라 연결해 만들어야 한다고 생각했다. 폴리클레이토스에게는 2의 제곱근(약 1.414)이 이 체계의 열쇠를 쥐고 있었다. 출발점은 새끼손가락의 마지막 뼈의 길이였다. 여기에 $\sqrt{2}$를 곱해 가운데 손가락뼈의 길이를 얻고, 여기에 다시 $\sqrt{2}$를 곱하면 세 번째 손가락뼈의 길이를 얻을 수 있었다. 새끼손가락 전체의 길이에 $\sqrt{2}$를 곱하면 손바닥, 새끼손가락 맨 밑에서 척골(아래팔 뼈)의 맨 위까지의 길이를 얻었다. 그리고 가슴, 상반신 등을 거쳐 자신이 이상적인 비율의 남성 신체라고 생각하는 기본 치수를 모두 얻을 때까지 이 곱셈을 계속했다. 폴리클레이토스가 이 기하학적 진행 방법을 기록한 책 『카논』은 고대 그리스와 로마, 그리고 르네상스 시대에 이르기까지 많은 조각가를 위한 작업 안내서 역할을 했다.

평면에서 작업하는 화가는 3차원 장면을 표현해야 하는 문제에 직면했다. 그리스인과 로마인은 깊이감 있게 그림을 그리는 방법을 고심했다. 그리고 어느 정도는 성공했다. 79년에 화산재에 덮이면서 그대로 보존되었다가 현재는 뉴욕의 메트로폴리탄 미술관에 전시되어있는 폼페이의 한 저택 벽에 있던 프레스코화에는 원근법을 이용해 그린 수많은 건물이 담겨 있는데, 깊

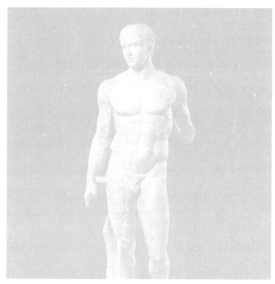

콜리클레이토스의 대리석상, 도리포로스(기원전 440년경).

이감과 거리감이 상당히 잘 나타나 있다. 주랑의 선과 그림의 다른 요소를 자세히 들여다봐야만 그것들이 거리가 멀어질수록 이상해진다는 점을 알 수 있을 뿐이다.

중세 유럽의 예술가는 대개 3차원의 모습을 정확히 포착하려 들지 않았다. 과거의 지식을 잃어버려 어떻게 하는지 몰랐기 때문이기도 했고, 그 당시 예술 작품 대부분을 의뢰하고 감독하던 교회가 사물의 모습을 있는 그대로 묘사하는 데 관심이 없었기 때문이기도 했다. 예를 들어, 중세의 예술가는 그림 속에서의 상대적인 위치와 무관하게 주제 혹은 종교적으로 중요한 사람이나 사물을 더 크게 그렸다.

수학적으로 엄밀한 원근법으로 올라서는 도약은 르네상스 시대 초기인 1400년대 초에 유럽에서 이루어졌다. 그보다 한 세기도 더 전에 피렌체의 화가 겸 건축가 지오토 디 본도네Giotto di Bondone가 먼저 대수학을 이용해 그림 속에서 먼 곳에 있는 선을 어떻게 그려야 할지 보여주려고 시도한 바는 있다. 하지만 오늘날 사영기하학이라 부르는 분야를 굳건한 토대 위에 올려놓은 것은 같은 나라의 건축가이자 기술자였던 필리포 브루넬레스키Filippo Brunelleschi였다.

브루넬레스키는 금세공 훈련을 받은 실용적인 인물로, 최초의 근대적 구조공학자라는 평가를 받기도 한다. 가장 큰 성취는 피렌체의 웅장한 성당에 내부 지름이 약 45m인 새로운 돔을 건

피렌체 성당의 돔.

설한 일이다. 성당을 감독했던 사람들은 수만 톤의 무게에도 불구하고 당시에 그렇게 무거운 구조를 버틸 수 있는 유일한 방법이었던 버팀도리와 뾰족아치 없이 자체적으로 지탱이 가능하도록 벽돌을 쌓아 만든 돔을 원했다. 게다가 그 돔을 원래 있던 높이 약 50m에 평면이 팔각형인 벽 위에 올려야 했다. 브루넬레스키는 이 터무니없는 요구를 만족시키는 설계안을 만들어 경쟁에서 이겼고, 건물과 건축 현장의 안전을 위한 새로운 접근법을 고안했다. 그 접근법으로는 점심 식사 때 일꾼들에게 물로 희석한 와인을 제공해 맨정신을 유지하게 하는 것과 떨어지는 사람을 잡을 수 있는 안전망, 종 소리로 교대 시간을 알리는 시계 등이 있었다. 브루넬레스키는 건축 재료를 높이 들어올리기 위해서 세계 최초로 역진 기어를 개발해 스위치만 바꾸어서 황소가 짐을 올리거나 내릴 수 있게 만들었다.

1434년 매우 멋진 돔이 완공을 앞두고 있을 때 브루넬레스키는 작품을 공개 전시하며 또 다른 혁신을 공개했다. 앞서 그 성당의 또 다른 팔각형 구조물인 12세기의 세례당을 거울에 비춘 뒤 거울상 위에 그림을 그려 똑같이 복제한 적이 있었다. 브루넬레스키는 자신이 그 모습을 2차원에 정확히 구현했다는 것을 증명하기 위해 그림 뒤편에 조그만 구멍을 뚫고 관람객이 구멍을 통해 진짜 세례당을 볼 수 있게 만들었다. 하지만 그 앞에는 거울이 있어 같은 장면을 그린 그림이 반사되어 보였다. 앞을 바라보며 놓여있는 이 거울을 놓았다 치웠다 함으로써 실제 세례당의 모습과 그림이 똑같으며 둘 다 주변 모습과 매끄럽게 이어진다는 사실을 보여줄 수 있었다.

브루넬레스키가 이런 방식(아마도 사상 처음일 것이다)으로 진짜 원근감을 담아낸 것이 중요한 이유는 바로 이제야 비로소 분석적인 시선으로 그림을 조사하고 그 수학적 구조를 풀어 볼 수 있게 되었기 때문이다. 세례당과 주변 건물의 선을 관찰하면 몇 가지 눈에 띄는 점이 있었다. 첫째, 관찰자의 시선 정반대편에 있는 중앙 소실점은 수평선 위에 놓여있었다. 둘째, 수평선은 이 중앙 소실점뿐만 아니라 사선 소실점(세례당 자체의 원근을 정의하는 선)까지 지나갔다.

이탈리아와 그 외 지역의 다른 르네상스 예술가도 브루넬레스키가 발견한 원리를 작품에 응용하기 시작했다. 수학자는 새로운 지식에 자신만의 통찰력을 결합해 사영기하학의 기초를 놓았다. 그런 수학자 중 가장 앞선 사람이 프랑스의 수학자이자 기술자, 건축가였던 지라르 데자르그Girard Desargues였다. 데자르그는 1536년 물체의 원근 이미지를 만드는 기하학적 방법을 책으로 펴냈다. 데자르그의 아이디어는 화가인 로랑 드 라 이르Laurent de La Hyre와 조각가 아브라함 보스Abraham Bosse를 비롯한 당시의 몇몇 예술가에게 강력한 영향력을 발휘했지만, 그 뒤로는 1800년대 초까지 잊히고 말았다.

사영기하학의 탄생

브루넬레스키가 3차원 물체를 시선 방향에 직각인 평면에 투영하는 방법을 보여준 이후 3세기 뒤에 프랑스 수학자 장–빅토르 퐁슬레Jean–Victor Poncelet가 사영기하학을 말 그대로 새로운 평면 위로 올려놓았다. 러시아에서 나폴레옹의 군대에 복무하던 퐁슬레는 포로로 잡혀 다섯 달 동안 얼어붙은 평원을 걸어서 횡단한 뒤 볼가강 하류의 사라토프에 있는 감옥에 갇히고 말았다. 갇혀 있었던 1813년 3월부터 1814년 6월까지 몇 가지 발견을 기록했고, 훗날 1822년에 『도형의 사영 성질에 관한 논고』라는 제목으로 출판했다. 사실상 퐁슬레는 브루넬레스키의 발견을 일반화해 기울어졌거나 회전한 평면까지 포함했다. 20세기 초, 네덜란드의 수학자이자 철학자였던 L. E. J. 브라우어르 Brouwer는 여기서 더 나아가 마치 고무로 만든 것처럼 늘리거나 비틀어서 다른 모양으로 만들 수 있는 곡면 위의 투영까지 포함하도록 퐁슬레의 발견을 확장했다. 마지막으로, 사영기하학 이야기는 크게 한 바퀴 돌아 다시 예술로 돌아간다. 1997년 미국의 조각가이자 야외예술가인 짐 샌본 Jim Sanborn이 아일랜드 클레어 주의 킬키에 있는 바위 지형에 동심원 패턴을 투영해 보임으로써 브라우어르의 원리를 소생시켰다.

500여 년에 걸쳐 이 분야는 수학과 예술 사이를 오가며 발전했다. 심지어는 물리학자도 끼어들었다. 이론물리학으로 분야를 옮기기 전 수학으로 학위를 받은 영국의 폴 디랙 Paul Dirac은 사영기하학이 자신이 가장 좋아하는 수학 분야이며 물리학적 통찰력의 원천이 된다고 말했다. 드러내 놓고 말한 적은 없지만, 양자역학에서 유명한 디랙의 방정식이 나오는 데 어떤 역할을 했음을 시사하는 증거가 있다. 디랙의 방정식은 광속에 가깝게 운동하는 전자와 같은 입자의 행동을 보여주며, 반물질의 존재를 예측하기도 했다.

몇몇 유명한 예술가도 과감하게 작품에 수학적인 아이디어를 융합했다. 그런 초창기 인물 중 한 명이 독일의 화가이자 판화제작자인 알브레히트 뒤러Albrecht Dürer로, 실제 수학자이기도 했다. 가장 훌륭하고 영향력이 컸던 뒤러의 작품은 1514년에 만든 정교한 동판화 〈멜랑콜리아 I〉인데, 중세 철학에서 말하는 네 가지 '기질' 중 하나를 나타내는 날개 달린 인물을 묘사하고 있다. 각 기질은 네 가지 체액 중 하나와 짝을 이룬다. 우울은 흑담액과 관련이 있으며, 토성의 영향 그리고 창조적인 천재성과 광기를 보이는 경향과도 관련이 있다. 뒤러의 묘사를 보면 우울은 무릎 위에 책 한 권을 올려놓고 오른손에 분할 컴퍼스를 들고 있다. 그 주위에는 구, 정다면체는 아닌 다면체, 4×4 마방진*을 비롯한 다양한 수학적 대상이 놓여있다. 마방진 안에는 〈멜랑콜리아 I〉을 만든 연도(맨 밑에 15와 14가 있다)와 당시 뒤러의 나이와 이름 약자가 암호처럼 숨겨져 있다. 마방진은 2,000년 전의 중국에서도 알고 있었지만, 폭넓은 대중의 관심을 불러일으키고 서구에서 수학적으로 진지하게 연구하도록 영감을 준 건 뒤러가 처음이었다. 시간이 흘러 저명한 스위스의 수학자이자 물리학자인 레온하르트 오일러는 「마방진에 관하여」(1776)라는 논문에서 오일러 방진으로 불리게 된 마방진을 정의했다. 이 방진은 현대 조합론(조합과 순열을 다루는 수학 분야)의 개발과 주파수

---

* 1에서 16까지의 수를 한 번씩만 써서 나열한 것으로, 모든 가로와 세로, 대각선의 합이 똑같다 (이 경우에는 34).

알브레히트 뒤러의 동판화, <멜랑콜리아 I>

도약 변조를 이용한 효율적인 무선 통신에 쓰였다.

뒤러는 다면체에도 빠져 있었다. 〈멜랑콜리아 I〉에 나타나는 다면체는 많은 추측을 끌어냈고 오늘날에 이르기까지도 논쟁의 대상이 되고 있다. 엄밀히 말하면, 그건 절단된 삼각 편방다면체라고 불리는 팔면체다. 정육면체를 한 꼭짓점을 아래로 균형을 잡아 세운 뒤 수직으로 조금 잡아늘리고 그 두 꼭짓점을 수평으로 잘라서 만들 수 있다. 뒤러가 특별히 이 모호한 도형을 그리기로 한 이유는 수수께끼다. 방해석 같은 몇몇 결정에서 볼 수 있는 구조이긴 하지만, 결정 구조에 관한 수학 연구는 한 세기는 더 지나야 등장하기 때문에 뒤러가 그 사실을 알았을 리는 없다. 뒤러의 공책에 있는 스케치를 보면 몇 가지 가능성이 더 떠오른다. 한 스케치는 멜랑콜리아에 나온 다면체와 같은 도형인데, 구 안에 내접하고 있다. 유명한 다섯 가지 플라톤 정다면체와 같은 성질이다. 또 다른 가능성으로는 뒤러가 컴퍼스와 눈금 없는 자만 이용해 정육면체의 부피를 두 배로 만드는 고전적인 문제의 대략적인 풀이를 제시하기 위해 도형의 비율을 조절했다는 게 있다. 오늘날 우리는 이른바 '델로스 문제'로 불리는 이 문제를 정확하게 푸는 게 불가능하다는 사실을 알고 있지만, 뒤러는 죽기 몇 년 전인 1525년에 출간한 기하학 책 『컴퍼스와 자를 이용한 측정 방법』에서 훌륭한 대략적인 풀이에 관해 자세히 설명했다.

뒤러의 책에는 다각형*을 접어서 3차원 다면체를 만들어 보며 기하학을 가르치는 새로운 방법도 담겨 있다. 오늘날의 학생은 '전개도'로 정육면체나 피라미드 같은 다면체를 만드는 활동에 익숙하다. 어떤 전개도를 접을 때 어떤 3차원 도형이 나오는지를 알아맞히는 문제도 시험에 흔히 나온다.

어떤 한 다면체의 전개도는 다각형의 어떤 변이 붙어 있거나 떨어져 있는지에 따라 여러 개일 수 있다. 반대로 서로 붙어 있는 변과 접을 때의 각도에 따라 어떤 한 전개도를 여러 가지 볼록다각형**으로 접을 수도 있다. 만약 다각형 표면 위의 어느 두 점을 잇는 선이 표면 위 또는 다각형 안쪽에 있다면, 그 다각형은 볼록다각형이다. 1975년 영국 수학자 조프리 셰퍼드Geoffrey

---

Shephard는 아직도 미해결로 남아있는 다면체 관련 문제를 제시했다. 때때로 그 분야에서 선구적인 연구를 한 뒤러의 이름을 따 '뒤러의 추측'이라고도 불리는 이 미해결 문제는 모든 볼록다면체의 전개도가 적어도 하나 이상인지를 묻는다. 볼록하지 않은 다면체 중에는 분명히 전개도가 없는 것이 있다. 모든 볼록다면체는 면을 더 작은 조각으로 나누어도 그 더 작은 조각으로 이루어진 전개도를 가질 수 있다는 것도 사실이다. 하지만 셰퍼드가 제기한 일반화 문제는 아직도 해결되지 않았다.

현대 수학을 표현한 화가, 에스허르

수학을 표현하는 예술과 예술에 영감을 수는 수학이라는 전통은 요즘 들어서 더욱 활발하다. 20세기에 들어서는 네덜란드의 마우리츠 에스허르Maurits Escher와 스페인의 살바도르 달리Salvador Dali가 아마 수학과 과학에서 유래한 개념을 작품의 중심에 배치하는 것으로 가장 유명한 예술가일 것이다. 두 사람 모두 저명한 수학자 및 과학자와 긴밀하게 협력하며 그림과 판화 작품을 실현해 나갔다. 둘 다 원래의 학술적인 형태로는 이해하기 너무 어려웠던 개념을 이해할 수 있는 새로운 방법을 제공하는 데 이바지했다.

에스허르는 스스로 수학적 재능이 전혀 없다고 주장했지만, 결국 헝가리의 포여 죄르지Pólya George와 영국의 로저 펜로즈Roger Penrose, 캐나다의 해럴드 콕서터Harold Coxeter, 독일 결정학자 프리드리히 하크Friedrich Haag를 비롯한 수학과 과학계의 여러 주요 인사와 긴밀하게 협력했다. 병약한 아이였던 에스허르는 학교에서는 고생했지만, 20대에 들어 떠난 이탈리아와 스페인 여행, 특히 그라나다에 있는 무어인의 알함브라 궁전에서 본 정교한 장식 문양에서 예술적인 영감을 얻었다. 알함브라 궁전 타일의 굉장한 다양성과 복잡성은 쪽매맞춤(7장에서 더 자세히 다룬다)에 대한 에스허르의 관심에 불을 지폈고, 에스허르의 유명한 몇몇 작품에 모습을 드러냈다.

에스허르의 수학에 대한 몰입 그리고 능숙하고 쉽게 이해할 수 있는 전문적인 개념 묘사는 지나치게 지적이라는 이유로 예술 세계의 많은 사람에게 비판을 받았지만, 지금까지도 커다란 인기를 끌고 있다. 에스허르의 작품은 더글러스 호프스태더 Douglas Hofstadter의 베스트셀러 『괴델, 에셔, 바흐』와 모트 더 후플의 1969년 동명 LP앨범을 비롯해 수많은 포스터와 책, 앨범 표지를 장식하고 있다. 동물과 같은 모양의 도형을 이용한 쪽매맞춤 외에도 에스허르는 회귀, 다른 차원 등의 주제를 탐구했다. 아마도 가장 유명한 것은 불가능한 건축물일 것이다. 부분적으로 보면 말이 되는데, 전체적으로 보면 머리가 어지럽고 어리둥절하게 되는 그림이다. 〈상대성〉(1953)이라는 작품은 중력이 서로 다른 세 방향으로 작용해 시선 방향도 일정하지 않고 당황스러우며 계단은 불가능한 형태로 이어져 있는 건물을 보여준다. 〈상대성〉은 1954년 암스테르담의 한 미술관에 에스허르의 다른 작품과 나란히 전시되었는데, 마침 같은 해에 그 도

---

* 표기법상으로는 에스허르가 맞지만, 이 경우 책 제목 그대로 에셔로 표기 - 역자

마우리츠 에스허르의 동판화, <폭포>

시에서 세계수학자대회가 열리면서 수리물리학자 로저 펜로즈와 기하학자 해럴드 콕서터의 관심을 끌었다.

에스허르의 판화에서 영감을 얻은 펜로즈와 정신의학자이자 유전학자, 수학자였던 펜로즈의 아버지 리오넬Lionel은 스스로 불가능한 물체, 즉 2차원으로는 그릴 수 있지만 3차원으로 실현할 수는 없는 물체를 탐구하기 시작했다. 암스테르담 세계수학자대회 몇 년 뒤에 펜로즈는 에스허르에게 오늘날 펜로즈 삼각형으로 불리는 물체의 스케치를 보냈다. 1934년에 스웨덴 예술가 오스카르 레우테르스바르드Oscar Reutersvärd가 최초로 그린 도형이었다. 펜로즈는 자신의 아버지가 그린 끝없는 계단 그림도 동봉했다. 후자는 거꾸로 에스허르가 〈상승과 하강〉(1960)과 〈폭포〉(1961)을 만드는 데 영감을 주었다. 두 작품 모두 아무리 올라가도(혹은 내려가도) 결국 출발점으로 돌아오고 마는 존재(두 작품에서 각각 승려 같은 인물들과 물)를 묘사하고 있다.

미술관 전시를 보고 복잡한 쪽매맞춤 그림에 대한 에스허르의 관심과 재능을 알아본 콕서터는 에스허르에게 자신이 암스테르담 학회에서 발표한 논문의 사본을 보냈다. 이 논문에는 콕서터 자신이 그린 쌍곡평면의 쪽매맞춤 그림이 담겨 있었다. 모두에게 익숙한 평범한 유클리드 평면과 마찬가지로 쌍곡평면은 열려 있으며 무한히 뻗어나간다. 다만 평행선이 한 방향으로는 만나거나 교차하고 다른 방향으로는 점점 멀어진다는 점이 다를 뿐이다. 만약 쌍곡평면을 원판 모양으로 나타낸다면, 삼각형과 같은 도형을 그 위에 그렸을 때 가장자리로 갈수록 왜곡이 심해지고 서로 가까워진다. 푸앵카레 원판으로 불리는 그런 원판을 그린 콕서터의 원판 그림을 본 에스허르는 곧바로 그게 유한한 2차원 평면 위에 무한을 나타낼 수 있는 방법이라는 사실을 이해했다. 콕서터와 이야기를 더 나누며 도움을 받은 에스허르는 더욱 복잡한 도형을 이용해 스스로 쌍곡평면 타일링 작품에 도전했다. 그 결과가 〈서클 리미트 I–IV〉(1958~1960)라는 나무 판화 네 작품으로, 푸앵카레 원판에 백색의 천사와 흑색의 악마가 쪽매맞춤되어 있는 천국과 지옥의 모습인 〈서클 리미트 IV〉에서 정점에 달한다.

심리학에서 과학과 수학으로, 달리

에스허르와 동시대를 살았던 살바도르 달리 역시 수학자 및 과학자와 긴밀하게 협력했다. 1955년 메트로폴리탄 미술관에서 테서랙트 의 다면체 전개도에 못 박혀 있는 예수의 모습을 그린 달리의 〈십자가에 못 박힌 예수〉는 토머스 밴초프Thomas Banchoff라는 젊은이의 고차원에 대한 관심에 불을 지폈다. 20년 뒤 로드아일랜드 프로비던스에 있는 브라운대학교의 수학 교수가 된 밴초프는 뉴욕에서 만나자는 달리의 초청장을 받았다. 밴초프의 동료 한 명은 이렇게 빈정거렸다. "그거 사기 아니면 소송일걸." 사실 달리는 일련의 입체 회화 작품에 착수하고 있었고 시각 기술에 관한 조언을 받고 싶어 했다. 그게 두 사람 사이의 10여 년에 걸친 협력의 시작이었다.

1950년대에 달리의 주요 관심사는 심리학에서 과학과 수학으로 옮겨왔다. 이 변화에 관해 달리는 이렇게 기록했다.

> 초현실주의 시기에 나는 내적 세계와 내 아버지 프로이트의 불가사의한 세계의 도상(圖像)을 만들고 싶었다…. 지금은 외적 세계와 물리학의 세계가 심리학의 세계를 초월했다. 지금 내 아버지는 하이젠베르크 박사다.

달리의 패러다임 전환은 〈기억의 지속〉(1931)과 〈기억의 지속성의 붕괴〉(1954)를 대조해 볼 때 가장 분명하게 드러난다. 달리 하면 가장 먼저 떠오르는 작품인 전자에서는 말랑말랑한 회중시계가 마치 천 조각처럼 다양한 물체 위에 늘어지면서 꿈과

....

* 정육면체에 상응하는 4차원 도형

다른 변화된 의식 상태에서 경험하는 시간과 공간이 유동적이라는 암시를 준다. 반대로 전작의 장면이 조각나는 모습을 담은 후자는 물질과 에너지가 개별적인 양자로 쪼개진다는 현대 물리학의 관점을 따른다.

과학과 종교, 기하학에 빠져 있던 전후 시기의 작품 중에서 대단히 유명한 〈최후의 성찬〉(1955)에서 달리는 그 유명한(비꼬는 건 아니다) 황금비를 집어넣었다. 수학에서 다른 그 어떤 수도 황금비만큼 예술가와 과학자, 심리학자, 수비학자, 경우에 따라서는 수학자까지도 사로잡지 못했다. 하지만 그만큼 잘못 알려진 게 많다. 황금비가 호기심을 유발하고 중요한 건 사실이지만, 많은 잘못된 주장의 근거가 되기도 했다.

달리, 다 빈치, 황금비

큰 수 a와 작은 수 b가 있을 때 만약 두 수의 비율 a/b가 큰 수 a에 대한 두 수의 합의 비율 (a+b)/a와 같을 때 두 수는 '황금비를 이룬다'고 한다. 그리스 문자 파이(ϕ)로 나타내는 황금비율의 값은 $(1+\sqrt{5})/2$, 혹은 1.6180339887…이다. 파이(π)와 마찬가지로 무리수다. 즉, 한 정수를 다른 정수로 나누는 형식으로 나타낼 수 없으며 반복되는 패턴 없이 소수점 아래로 끝없이 이어진다. 하지만 파이(π)와 달리 계수가 정수인(예를 들어, $5x^2$에서 5가 계수다) 대수적 방정식의 답 형태로 나타낼 수 있어서 초월수는 아니다.

만약 두 변의 길이가 황금비를 이루는 직사각형을 그리면,

살바도르 달리의 유화, 〈최후의 성찬〉

당연하게도, 그걸 '황금 직사각형'이라고 부른다. 이건 달리가 〈최후의 성찬〉에 사용한 도형이다. 일단 캔버스의 크기가 가로 267cm, 세로 166.7cm다. 그리고 달리는 식탁의 윗부분을 세로로 황금비를 이루는 위치에 놓았고, 그리스도 바로 양옆의 두 제자를 좌우로 황금비를 이루는 위치에 놓았다. 이 장면은 면이 12개 있는 도형인 커다란 십이면체 안에 담겨 있으며, 오각형 창문 밖으로는 달리의 고향인 카탈루냐 지방의 풍경이 보인다. 정십이면체의 각 오각형 면의 중심을 모두 이으면 서로 교차하는 황금 직사각형 세 개를 이룬다. 반대로 두 변의 길이의 비가 $(\phi + 1):1$과 $\phi:1$인 직사각형 역시 정십이면체 안에 꼭 맞게 들어간다.

어쩌면 달리는 레오나르도 다 빈치Leonardo da Vinci에게서 영감을 얻어 이 성경 속의 일을 묘사하는 데 파이(φ)를 사용했을지도 모른다. 우연히 그렇게 된 건지는 절대 알 수 없겠지만, 다 빈치의 〈최후의 성찬〉에 담긴 방과 식탁, 그리고 다른 요소가 황금비를 따른다는 건 분명하다. 다 빈치의 가장 유명한 작품인 〈모나리자〉의 얼굴 주위에 사각형을 그리면 황금 직사각형이 된다는 이야기가 나오기도 했다. 그래도 이게 의도적인 것이었는지는 확신할 수 없다. 어차피 얼굴을 둘러싸는 직사각형을 정확히 어디에 그려야 할지 알기는 어렵다. 그러나 확실한 건 다 빈치가 수학자이자 프란체스코 수도회의 수사였던 루카 파치올리Luca Pacioli와 가까운 친구였다는 사실이다. 파치올리는 1590년에 『신의 비례』라는 제목으로 황금비에 관한 세 권짜리 책을 출간했고, 다 빈치는 여기에 그림을 그렸다. 『신의 비례』라는 제목은 파이(φ)를 언급했던 많은 르네상스 사상가에 의해 쓰였으며, 그 수에 흔히 담겨 있는 신비로운 숭배의 감정을 반영한다.

황금비와 피보나치 수열, 신적인 조화?

파이(φ)는 실제로 수학에서 놀라운 수이며, 파이(π)와 마찬가지로 예상치 못한 온갖 곳에서 튀어나온다. 예를 들어, 1200년경 레오나르도 피보나치Leonardo Fibonacci가 처음 설명했던 피보나치 수열과 긴밀한 관계가 있다. 이 수열은 0과 1로 시작하며, 0, 1, 1, 2, 3, 5, 8, 13…처럼 앞의 두 수를 더한 수가 다음에 오는 방식으로 이어진다. 서로 이어지는 두 피보나치 수는 수가 커질수록 3/2 = 1.5, 13/8 = 1.625, 233/144 = 1.618, …처럼

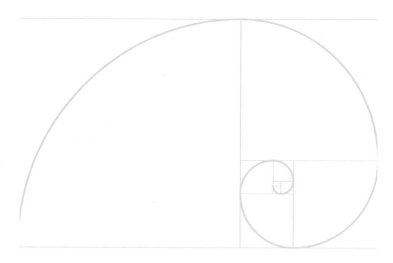

피보나치 나선.

파이(φ)에 가까워진다. 변의 길이가 피보나치 수열인 정사각형이 서로 붙어 있는 도형에 곡선을 그리면 등껍질이나 파도, 해바라기 씨나 장미꽃잎의 배열 같은 자연에서 흔히 보이는 나선 모양이 된다. 황금비와 피보나치 수열의 밀접한 관계는 분명히 자연과 황금 직사각형(앞에서 언급한 피보나치 수열로 만든 사각형과 비슷하다)을 서로 붙여서 만든 '황금 나선' 사이에도 그와 비슷한 밀접한 관계가 있다는 점을 의미한다.

　파이(φ)를 수학 도처에서 볼 수 있으며 자연에서도 정말 뜻밖의 장소에서 나타난다는 사실을 생각하면, 르네상스 시대의 사상가가 '신성'을 부여한 것도 그다지 놀라운 일이 아니다. 14~17세기는 지성인이 지구와 그 너머 양쪽에 대해 빠르게 커가는 지식 체계를 초자연적인 개입을 허용하는 철학 안에서 통합하기 위해 애쓰던 시기였다. 그런 노력의 중심에 있던 과학자 중에 독일의 천문학자이자 수학자였던 요하네스 케플러Johannes Kepler가 있었다. 케플러는 우주가 엄격한 조화와 균형, 수학적인 대칭에 따라 이루어져 있다는 생각에 집착했다. 저서『세계의 조화』에서는 행성이 일정한 간격을 이루며 움직이게 하는 영원불멸한 기하학적 형태와 천상의 물체가 언제나 변함없이 움직이며 내는 음악적인 소리에 관해 썼다.「모서리가 여섯 개인 눈송이에 대하여」라는 글에서 케플러는 정다각형과 꽃잎 이야기를 하면서 신성한 비율(ϕ)과 피보나치 수열에 관해 논했다. "기하학에는 두 가지 큰 보물이 있다. 하나는 피타고라스 정리다. 다른 하나는 대단하고 훌륭한 비율로 선을 분할하는 것이다. 첫 번째는 금덩어리에 비유할 수 있고, 두 번째는 소중한 보석이라고 부를 수 있다."

황금비에 얽힌 오해

파이(ϕ)가 수학에서 가장 흥미롭고 놀라운 분야에 은근슬쩍 끼어 들어가는 건 사실이지만, 파이(ϕ)에 대한 몇몇 주장은 과장이거나 아예 틀렸다. 수비학자와 유사역사가는 십중팔구는 존재하지 않을 관계를 찾아내는 것을 아주 좋아한다. 예를 들어 기자의 대피라미드는 피라미드주의자의 생각과 달리 밑변과 높이의 비율이 파이(ϕ)와 같지 않다. 아테네의 파르테논 신전 같은 고대의 위대한 건축물의 형태에서도 황금비는 찾아볼 수 없다.

좀 더 근래로 오면, 몇몇 연구자가 황금비에 사람의 정신과 감각을 미적으로 자극하는 독특한 성질이 있다는 과학적인 증거를 발견했다고 주장했다. 독일의 물리학자이자 심리학자였던 구스타프 페히너Gustav Fechner는 1860년대에 길이와 폭의 비가 다양한 직사각형으로 일련의 실험을 진행하면서 시작된 일이었다. 실험 참가자는 자신이 보기에 가장 매력적인 도형을 고르게 되어 있었다. 그 결과 전체 선택의 4분의 3은 비율이 각각 1.50, 1.62, 1.75인 직사각형 단 세 개에 집중되어 있었다. 그리고 비율이 1.62인 직사각형이 가장 큰 인기를 얻고 있었다. 그러자 페히너는 창틀, 박물관의 그림틀, 도서관의 책 등 수천 가지 직사각형 물체의 비율을 측정하기 시작했다. 페히너는 자신의 책 『미학 입문』에서 그 평균 비율이 황금비에 매우 가까웠다고 주장했다.

그러나 페히너의 발견은 논박을 받았다. 캐나다 심리학자 마이클 고드케위치Michael Godkewitsch는 참가자의 선택이 실험에서 제시한 직사각형의 위치에 따라 달라질 수 있기 때문에 페히너의 결론에 문제가 있다고 주장했다. 영국 심리학자 크리스 맥마누스Chris McManus도 비슷한 의구심을 보이며 다음과 같이 말했다. "다른 비슷한 비율(1.5, 1.6, 혹은 1.75 등)과 달리 황금비가 그 자체로 중요한지는 매우 불확실하다."

이 문제는 사람 얼굴의 특정 부위가 황금비를 따를 때 더 매력적으로 보인다는 주장과 함께 몇몇 사람에 의해 다시 불거졌다. 런던 유니버시티칼리지 병원의 치열교정의 마크 로위Mark Lowey는 1994년 패션모델의 얼굴에 이런 경향이 있기 때문에 아름다워 보인다는 주장을 담은 논문을 발표했다. 하지만 이 역시 반박당했다. 같은 병원 상악골안면과의 알프레드 린니Alfred Linney와 동료들은 다른 연구에서 레이저로 일류 모델의 얼굴 형상을 정확하게 측정했다. 그 결과 모델의 얼굴 형상은 다른 사람들과 마찬가지로 다양했다.

현대의 예술과 수학

본질적으로 예술과 건축은 대단히 주관적일 수밖에 없다. 인간의 감각과 감정에 호소하는 과정에서 예술과 건축은 가장 드높고 순수한 형태의 수학이 건드리지 못한 영역으로 과감히 들어간다. 그러다 보니 정확함에서 조금 손해를 보거나 수학과 관계없는 특징이 가미되기도 하지만, 오랜 세월에 걸친 커다란 지적 노력 없이도 수학적인 아름다움을 감상할 수 있는 방법을 제공한다. 3D프린터로 수학 공식을 이해하기 쉽게 해주는 모형을 만들어 학생을 가르치는 호주 수학자 헨리 세거만Henry Segerman은 이런 식으로 표현했다. "수학의 언어는 흔히 예술의 언어보다 접근하기 어렵다. 하지만 나는 수학적 아이디어를 표현하는 그림이나 조각을 만들며 두 언어를 번역하려고 노력할 수 있다."

디지털 혁명이 가져온 도구를 갖춘 오늘날에는 창의적인 개인이 소수의 전문가만 진정으로 이해할 수 있는 고도의 수학 개념에 생명을 불어넣을 수 있다. 앞서 언급했던 미국 조각가 짐 샌본Jim Sanborn은 '보이지 않는 것을 보이게 만드는 일'에 전문으로, 작품의 주제는 자기장, 핵반응, 암호학 등을 아우른다. 버지

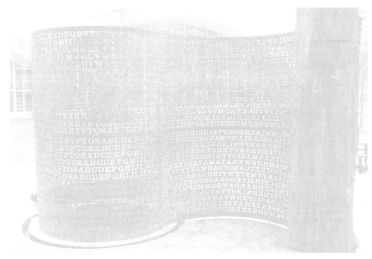

집 샌본의 <크립토스>.

니아 랭글리의 중앙정보국CIA 본부 앞에 놓여있는 샌본의 조각
<크립토스>에는 알파벳 2,000개 안에 암호 메시지 네 개가 담겨
있다. 그중 하나는 아직도 해독이 되지 않은 상태다. 메릴랜드
실버스프링의 미국 해양대기청NOAA에 설치된 <해안>은 터빈
과 송풍기로 대서양 해안의 메사추세츠 우즈홀에 있는 NOAA의
관측소 근처 해변에서 부서지는 파도의 모습을 실시간으로 축
소해서 구현한다.

프랙털은 예술가가 꿈에서나 볼 수 있는 화려하고 홀릴 듯한
패턴을 만들어내기도 한다. 영국의 레이저물리학자 출신 예술
가인 톰 베다드Tom Beddard는 프랙털 패턴으로 장식한 파베르제

---

* 일부 작은 부분이 전체와 비슷한 기하학적 형태

달걀을 3차원 디지털 이미지로 만들었다. 베다드는 컴퓨터의 힘을 이용해 대다수에게 의미 없는 기호와 연산으로만 보였을 공식에 숨어 있는 아름다움을 보여주는 여러 창조적인 인물 중 한 명이다. "공식은 실제로 공간을 접고, 키우거나 줄이고, 돌리고, 뒤집는다." 베다드의 말이다. 하지만 예술적으로 표현하지 못한다면, 이런 전문적인 곡예가 보여줄 장관을 감상할 수 있는 사람이 없을 것이다.

어떤 면에서 보면, 예술과 수학은 경험이라는 스펙트럼의 양극단을 보여준다. 예술은 주관적이고, 열정적이고, 감각적이다. 수학은 무자비할 정도로 논리적이고 지적이다. 그리고 그 둘 사이에, 연결점으로 다름 아닌 우리가 있다. 끝없는 가능성으로 가득한 현실의 의식적인 관찰자인 우리가.

더 기묘한 수학책

6장

상상을 넘어

허수는 훌륭하고 멋진 성령의 은신처다. 마치 존재와 비존재 사이를
오가는 이중인격자와 같다.

- 고트프리트 라이프니츠

♣

브라질 아마존의 한 외딴 지역에 피라항이라는 부족이 산다. 이 부족 사람 수백 명은 둘보다 큰 수를 세지 못한다. 피라항어로 '하나'는 '조금'이라는 뜻도 있고, '둘'도 '많지 않은'이라는 다른 뜻이 있다. 나머지는 모두 '많은'이다. 이들에게는 '더 많은', '몇몇', 혹은 '전부'라는 말도 없다. 우리가 보기에 이건 매우 이상하다. 두 살짜리 아이면 으레 셋까지 셀 수 있고, 한 살 더 먹으면 다섯 정도까지 셀 수 있게 마련 아닌가. 하지만 피라항족은 멍청하지 않다. 이들은 수렵채집인으로, 셀 필요가 없기 때문에 세지 않는 것이다. 미국 언어학자 대니얼 에버렛Daniel Everett은 피라항족이 지식이 부족해서 다른 부족과 거래할 때 쉽게 속을 수 있다고 걱정하자 이들에게 기초적인 수리 능력을 가르치려고 했다. 그러나 8개월이 지난 뒤에도 피라항족의 어느 한 명도 10까지 세거나 1 더하기 1을 해내지 못했다. 자신들의 문화와 이전 경험으로 인해 가장 기본적인 수조차 이해할 준비가 전혀 되어 있지 않았던 것이다.

수를 익힌다는 것은

우리는 어렸을 때부터 수에 익숙해졌기 때문에 수가 당연하지 않다는 사실을 잊는다. 수는 부모가 아이에게 손가락으로 가리켜 보이며 '꽃', '개', '눈'처럼 이름을 알려줄 수 있는 일상 속의 물건이나 동물, 사람과는 다르다. 수는 추상적인 존재이며, 피라항족의 사례에서 알 수 있듯이 우리 대부분이 그랬듯 어린 시절부터 접하지 않으면 이해하기 어렵다. 그렇지만 어떤 수는 다른 수보다 이해하기 쉽다. 예를 들어 세 살짜리 아이는, 잘 알려주면, 10이나 그 이상까지도 셀 수 있다. 하지만 아마 3보다 훨씬 큰 수의 의미를 제대로 이해하지는 못할 것이다. 덧셈은 좀 더 뒤에 할 수 있고, 더 지나야 분수와 분수를 다루는 법을 배울 수 있다. 그리고 마침내 수수께끼 같은 음수를 다루는 법을 배운다. 이 모든 수는 자명하지 않다. 우리가 일상생활에서 절대 사용하지 않고 우리 중 상당수는 학교에서 배우지도 않는 수는 특히 더 그렇다. 이른바 허수와 더 나아가 초현실수와 초한수 같은 이름도 특이한 괴물 같은 수가 바로 그런 수다. 그러나 비록 3이나 4, 5가 아마존의 수렵채집인에게 그렇듯이 우리에게 이해할 수 없고 상관없는 것으로 보일지 몰라도 수학에서

는 이 모든 수 세계의 주민이 똑같이 '진짜'이며 유효하다.

우리는 아주 저학년일 때 수직선이라는 개념을 배운다. 0에서 시작해 한 방향으로 점점 커지며 뻗어가는 선이다. 그다음에 음수가 끼어 들어오면서 우리는 수직선이 반대쪽으로도 얼마든지 뻗어나갈 수 있다는 사실을 배운다. 정수와 양수, 음수, 그리고 0은 금세 우리에게 익숙하고 편안한 개념이 된다. 어떻게 이게 모든 사람에게 분명하지 않을 수 있을까? 하지만 인류 역사를 놓고 보면 수직선이 신기해 보이는 기간이 대부분이었을 것이다.

우리는 수가 언제 처음으로 쓰였는지 모른다. 새나 설치류를 포함한 일부 동물은 슬쩍 보고서도 어떤 먹이 덩어리가 더 큰지 구분할 수 있다. 그렇게 할 수 있는 편이 생존에 유리한 건 명백하다. 하지만 그건 수를 세는 것과 같지 않다. 어떤 동물이 수를 셀 수 있으려면, 어떤 집단에 속한 각각의 물체가 수 하나에 대응하며 하나씩 세어나간 마지막 수가 물체의 개수를 나타낸다는 사실을 어느 정도 인식해야 한다. 연구에 따르면, 많은 영장류뿐만 아니라 개와 같은 동물에게도 이런 능력이 본래 있다. 동물행동연구자인 로버트 영Robert Young과 레베카 웨스트Rebecca West는 2002년에 잡종개 열한 마리와 먹이를 가지고 실험을 수행했다. 각각 개 앞에 있는 접시에 먹이를 몇 개 놓는다. 그리고 가림막을 올려 개의 시야를 가린다. 다음으로 개에게 먹이를 더 놓아주거나 가져가는 모습을 보여준 뒤 가림막을 다시 내린다. 만약 연구자가 몰래 먹이를 가져갔거나 더 놓은 그릇이 있었다면, 개는 그런 그릇을 훨씬 더 오래 쳐다보았다. 계산이 맞지 않는다는 사실을 알아채는 게 분명했다.

숫자와 산술의 역사

수를 나타내는 기호인 숫자와 간단한 산술 법칙은 수메르와 메소포타미아 다른 지역에서 발생한 최초의 문명과 함께 나타났다. 하지만 그보다 훨씬 전에 검수 막대를 이용해 물건(정확히 어떤 물건인지는 불확실하다)의 수를 파악했다는 그럴듯한 증거가 있다. 에스와티니(스와질란드)와 남아프리카와 맞닿아 있는 레봄보산의 보더 동굴에서 발견된 '레봄보 뼈'는 적어도 4만 3,000년 된 비비의 종아리뼈로, 그 위에 금을 그어 만든 표식이 29개 있다. 달의 위상을 기록하는 용도였다는 게 한 가지 이론으로, 이 경우 아프리카 여성이 최초의 수학자가 될 수 있다. 생리 주기가 음력과 관련이 있기 때문이다. 그러나 다른 이들은 뼈가 부러져 있으므로 원래는 표식이 29개보다 많았을지도 모른다고 지적하며 반론을 제기했다. 표식이 순수한 장식일 뿐이라는 주장도 있었다. 1960년에 우간다와 콩고 국경에 있는 셈리키강 근처에서 발견한 '이상고 뼈'는 좀 더 복잡한 표식을 새겨넣은 또다른 뼈로, 연대가 어쩌면 2만 년 이상 과거로 거슬러 올라간다. 이상고 뼈의 표식을 정확히 어떻게 해석해야 할지는 역시 논쟁

더 기묘한 수학책

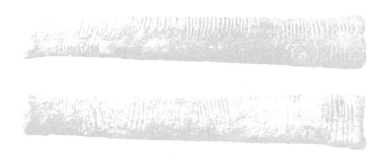

이상고 뼈.

의 대상이지만, 일부 패턴은 문명이 생겨나기 훨씬 전에 놀라울 정도로 정교한 수학 지식이 있었음을 암시한다. 이상고 뼈(마찬가지로 비비의 종아리뼈)에는 금을 그어 만든 표식이 여러 무리를 지으며 세 줄로 길게 늘어서 있다. 총 세 줄 중 두 줄은 표식의 수를 모두 합하면 각각 60이 된다. 첫 번째 줄은 20+1, 20-1, 10+1, 10-1로 각각 무리를 짓고 있어 십진법 체계와 일치한다. 한편 두 번째 줄에는 10에서 20 사이의 소수가 담겨 있다. 세 번째 줄은 2를 곱하는 법을 보여주는 것 같은데, 이건 훨씬 뒤에 이집트인이 사용했던 방법이다. 이게 단순한 우연인지 아닌지는 알 수 없다. 그러나 1년 먼저 발견된 두 번째 뼈에는 수와 수체계를 이해하고 있음을 암시하는 패턴도 담겨 있다.

우리가 확실히 알 수 있는 것은 기원전 수천 년에 중동의 마을과 도시에 사람들이 정착하기 시작했을 때는 수가 필요했고, 수를 나타내고 덧셈과 뺄셈 같은 기본 연산을 할 수 있는 방법을 개발하기 시작했다는 점이다. 무역과 거래 상황을 정확하게 파악하는 것이 중요했기 때문이다. 예를 들어, 내가 여러분에게 거래의 일환으로 양 열 마리를 주기로 했다면, 여러분은 내가 양을 아홉 마리만 넘기는 속임수를 쓰지 않는다는 것을 확인해야 한다! 대부분은 아홉 개와 열 개의 차이를 곧바로 판가름하지 못했기 때문에 믿을 만한 수 세기 방법이 대단히 중요해졌다. 자연수 1, 2, 3, 4, …를 알고 이용할 수 있어야만 이게 가능했다. 그러나 이 단계에서는 누구도 이 자연수 사이에 혹은 앞에 무엇이 있을지 생각해 보지 않았다.

거래와 상업이 등장하기 전에는 자연수가 꼭 필요한 존재가 아니었다. 만약 내가 양이 10마리나 20마리 있는 양치기라면, 굳이 정확한 수를 알아야 할 필요가 없다. 대충 어느 정도 있는지만 알아도 충분하다. 자연수가 우리 삶에서 빼놓을 수 없는 존재가 된 건 거래의 중요성이 커지면서부터다. 처음에는 '불라 bullae'라고 하는 밀봉한 점토 용기 안에 넣은 징표를 거래에 이용했지만, 나중에는 검수 표식과 비슷하게 숫자를 쓰는 방법이 발전했다. 이 단계에서 사람들은 아직 수와 수 세기의 대상을 구분할 수 있다고 생각하지 못했다. 그래서 처음에는, 가령 10이라는 수 그 자체를 양 열 마리, 소 열 마리, 빵 열 덩어리에 공통적인 어떤 존재로 여기지 않았다. 자연수를 세는 대상과 별개인 존재로 보는 개념이 등장하기까지는 시간이 걸렸다. 하지만 그렇게 된 뒤로는 수학과 우리가 생각하는 방법에 강력한 영향을 끼쳤다.

마침내 도시 국가가 생겨나고 모든 사람이 생계를 유지하기 위해 종일 허드렛일을 하지 않아도 되자 철학자처럼 세상에 관해 생각하고 가르치는 사람들이 나타났다. 기원전 6세기 그리스에서는 피타고라스와 그 추종자들이 두각을 나타내며 자연수가 우주의 핵심이라는, 즉, 본질적으로 모든 것이 우리 눈에 보이는 현실의 뒤에 서 있는 이 영원하고 완벽하고 추상적인 창조물에서 유래했다는 믿음을 퍼뜨렸다. 피타고라스주의자는 각각의 자연수가 서로 다른 것을 나타내며 자연수 사이의 관계가 다른 모든 것을 만들어낸다고 믿었다. 또 다른 그리스의 유명인사 유클리드는 대표적인 저서인 『원론』에서 기하학에 관한 연구만이 아니라 자연수에 관해서도 많은 정리를 다루었다. 가장 유명한 건 소수가 무한하다는 증명이었다. 그러나 우리가 오늘날의 어린아이가 셈을 할 수 있게 해주는 수의 제약에서 빠져나오는 건 7세기가 되어서야 가능했다.

0과 음수의 수학

인도 수학자 브라마굽타는 우리가 알기로 자연수 너머로 간 첫 번째 인물이었다. 게다가 동시에 두 가지 방면에서 그렇게 해냈다. 브라마굽타는 0뿐만이 아니라 음수를 포함하는 산술 법칙을 설명했다. 아마도 그전에도 이 새로운 수를 다루는 방법을 어렴풋이 알아낸 사람이 있었겠지만, 명확한 기록으로 남긴 건 브라마굽타가 처음이었다. 자연수 더하기 0은 결과가 그대로 자연수이며, 여기에는 0을 어떤 값으로 보는 것 이상의 중요성이 있다(2장에서 살펴보았다). 하지만 음수를 더함으로써 수의 세계는 훨씬 더 크게 확장했다. 수 체계에 시작이라는 게 없어지기 때문이었다. 즉, 수직선은 양방향으로 무한히 뻗어나간다.

상인이나 농부, 혹은 단순히 간단한 계산을 하기 위해서 원래대로 수학을 사용했던 사람들은 아마 0이나 음수라는 개념을 결코 생각해보지 않았을 것이다. 말이 마이너스 여섯 마리가 있다는 소리를 누가 들어보았겠는가? 음수 개수라는 건 일상생활에 존재하지 않았다. 그리고 더하든 빼든 변하는 게 없는데 굳이 왜 0이라는 수가 필요할까? 이런 이상한 가능성을 떠올리고 수학의 지평선을 넓혀준 건 철학자와 이론가(추상적인 사상가들)였다. 하지만 브라마굽타는 음수에 아주 실용적인 쓸모가 있다고 지적했다. 바로 빚을 나타내는 것이다. 만약 여러분이 누군가에게 소 세 마리를 빚지고 있고 가진 소는 한 마리도 없다면, 여러분은 소를 마이너스 세 마리 갖고 있는 셈이다!

오늘날에는 음수가 별로 이상하게 보이지 않는다. 우리가 어린 시절부터 배워서 뇌가 어렵지 않게 적응할 수 있기 때문이다. 게다가 우리는 매우 추울 때 '영하'를 가리키는 온도계에 익숙하다. 하지만 르네상스 시대에 이를 때까지도 음수는 수학 세계에서 커다란 논쟁의 대상이었다. 어떤 문제의 답이 음수일 경우 으레 '가공의 수'라고 부르곤 했다. 수직선상의 0이라는 게 인정을 받기까지는 시간이 걸렸다.

유리수와 무리수, 정수와 실수의 탄생

적어도 피타고라스까지 거슬러 올라간 시대의 수학자는 자연수를 넘어선 다른 유형의 수에 대해 더욱 포용적이었다. 물론 피타고라스주의자들이 자연수를 매우 좋아하기는 했다. 이들이 보기에 1, 2, 3, 4, …의 완벽함 혹은 우주 전체를 떠받치는 자연수의 중요성에 비견할 만한 게 없었다. 그래도 한 자연수를 다른 자연수로 나눈 결과인 '유리수'의 존재는 기꺼이 인정했다. 피타고라스는 그 자체로 수라기보다는 두 자연수의 관계를 나타내는 것으로 유리수를 보았다. 하지만 그렇다고 해서 수학에서 사용하지 않은 건 아니었다. 피타고라스와 그 추종자들은 모든 수를 비율로 표현할 수 있다고 생각했다. 하지만 그건 틀린 생각이었다. 어쩌면 비극적일 정도로.

피타고라스에 관해서는 여러 가지 다소 괴이한 일화가 있다. 대부분은 가짜인 게 분명하고, 이 이야기도 그럴지 모른다. 어쨌든 피타고라스의 제자 중 한 사람이 2의 제곱근(짧은 두 변의 길이가 1인 직각삼각형의 빗변의 길이)을 정수의 비로 나타낼 수 없다는 충격적인 사실을 발견했다는 이야기가 있다. 믿을 수 있는 이야기인지는 모르겠지만, 이 이루 말할 수 없는 죄악을 저지른 히파수스는 위대한 수학자 자신 혹은 과격한 추종자 집단에 의해 물에 빠져 죽었다.

하지만 무리수가 실제로 존재한다는 사실을 부정한다는 것은 무리였다. 시간이 흐르자 무리수는 유리수 옆에 나란히 자리를 잡으며 수직선을 완전하게 만들었다. 유리수와 무리수를 합치면 이른바 '실수'가 된다. 수학자는 실수라는 현실을 받아들이고 그게 무엇인지를 알게 되었다. 그래도 실수의 공식적인 정의를 만드는 일은 한참 동안이나 할 수 없었다. 자연수는 쉽게 정

....

* 정수의 비로 나타낼 수 없는 수

의하고 만들 수 있었다. 1과 어떤 자연수에 1을 더한다는 간단한 계승자 연산을 이용하면 나타낼 수 있었다. 이렇게 하면 모든 자연수를 나타낼 수 있다. 정수는 자연수를 정의하기만 하면 간단히 확장해서 만들 수 있었다. 0과 음수만 포함하면 된다. 정수 두 개를 서로 나눌 때 생기는 유리수 역시 만들기 쉬웠다(0으로 나누지만 않는다면). 하지만 어떻게 하면 유리수를 발판으로 뛰어올라 실수에 닿을 수 있었을까? 그 문제는 19세기나 되어서야 독일 수학자 리카르트 데데킨트Richard Dedekind가 마침내 해결할 수 있었다.

데데킨트는 오늘날 '데데킨트 절단'이라고 부르는 방법을 사용해 실수를 정의했다. 데데킨트 절단은 유리수 전체의 집합을 두 부분집합으로 나누되 첫 번째 집합의 모든 수가 두 번째 집합의 모든 수보다 작게 한다. 예를 들어, 어느 한 데데킨트 절단은 유리수를 다음과 같은 부분집합으로 나눌 수 있다.

첫째, 음수이거나 x^2가 반드시 2보다 작다는 조건을 만족하는 유리수 x의 집합.
둘째, 양수이며 x^2가 2보다 큰 유리수 x의 집합.

따라서 1과 1.4, 1.41, 1.414, 1.4142는 모두 첫 번째 집합의 원소다. 그리고 2, 1.5, 1.42, 1.412, 1.4143은 모두 두 번째 집합의 원소다. 유리수만으로 이루어진 집합을 사용한 이 데데킨트 절단은 무리수인 실수 √2를 정의한다(모든 음수인 x가 첫 번째 집합에 속한다고 제한한 건 −2처럼 제곱했을 때 2보다 큰 음수가 두 번째 집합에 들어가지 않게 하기 위해서다). 데데킨트 절단은 형식화할 수 있는 방식으로 실수를 점점 더 소수점 아래까지 근접하게 만든다는 개념에 바탕을 두고 있다. 그리고 이 방법을 이용하면 유리수 집합 두 개를 가지고 어떤 무리수도 만들 수 있다.

그렇게 해서 우리는 실수 수직선과 원한다면 그 위에 있는 어떤 수든 정식으로 정의할 수 있는 지식을 손에 넣었다. '실수real number'라는 용어만 보면 수에 관해서는 더 할 이야기가 없어 보인다. SF작가라면 실제가 아닌(다른 논리 법칙으로 돌아가는 상상 속 우주에 있는) 수에 관한 소설을 쓰는 데 관심을 보일지도 모르겠다. 하지만 수학에는 그런 '비실제적인' 수가 설 자리가 없다. 문제는 역사적으로 각기 다른 유형의 수에 붙은 이름이 완전히 오해를 불러일으킨다는 점이다. 유리수가 아닌 실수는 무리수irrational라고 부른다. 옥스퍼드영어사전에서 찾은 'irrational'의 첫 번째 정의는 '논리적이거나 합리적이지 않은'이다. 밑으로 한참 내려가야만 수학에서 쓰는 특별한 의미를 찾을 수 있다. '(수나 양, 표현에서) 두 정수의 비로 나타낼 수 없는'. 'real'에 대해서도 옥스퍼드사전은 첫머리에서 이렇게 정의한다. '사물이나 사실로 실제 존재하는, 상상이나 가상이 아닌.'

가상의 수의 등장

당연히 능력 있는 수학자라면 '상상 혹은 가상의' 수에 관심을 갖지 않을 것이다. 18세기까지는 많은 수학자가 확실히 이런 태도를 견지했다. 수직선 위에 놓이지 않는 수가 존재할지도 모른다는 주장은 마녀와 같은 취급을 받았다. 하지만 $\sqrt{-2}$와 같은 것을 다루는 까다로운 문제가 있었다. 평범한 2의 제곱도 히파수스의 최후에 관한 소문이 보여주듯이 당시에는 충분히 논쟁의 대상이었다. 하물며 -2의 제곱근이라니, 대체 그게 무슨 소리란 말인가? 실수 중에는 그런 괴물이 없었다. 그건 확실했다. 수학자가 할 수 있는 유일한 선택은 '가공의 수'라고(음수와 마찬가지로) 매도하며 무시하고 어디론가 사라져 버리기를 바라거나 아니면 포용하고 수학의 울타리 안에 기꺼이 받아들이는 것이었다.

음의 실수의 제곱근을 구할 수 있게 해주는 수의 존재를 처음으로 받아들이고 이런 특이한 수를 다룰 규칙을 만든 사람은 이탈리아 수학자 라파엘 봄벨리Rafael Bombelli였다. 1572년에 출간한 저서『대수학』으로 봄벨리는 음수로 이치에 맞는 산술 연산(예를 들어 '음수 곱하기 양수는 음수')을 하는 방법을 명확하게 설명한 최초의 유럽인이 되었다. 하지만 그보다 중요한 건 봄벨리가 $x^3 = ax + b$과 같은 방정식에서 $(a/x)^3$이 $(b/x)^2$보다 클 때의 해를 생각하다가 오늘날 '복소수'로 불리는 수를 연구하기 시작했다는 점이다. 이런 방정식을 푸는 유일한 방법은 실수 더하기 음의 실수의 제곱근으로 이루어진 무언가의 존재를 인정하는 것이었다.

그로부터 한 세기가 넘는 세월 동안은 수학 전문가 사이에서 '음의 실수의 제곱근'을 언급해도 커다란 반응을 얻지 못했다. 봄벨리는 영리하게도 거기에 특별한 이름을 붙이지 않았다. 그러면 더 많은 조롱을 받을 뿐이었다. 하지만 얼마 되지 않아 '허수imginary number'가 그런 생각을 깔아뭉개는 데 쓰는 말이 되었다. 안타깝게도 그 이름이 그대로 남아서 더 진보한 오늘날에도 우리는 $\sqrt{-1}$이 허수의 기본 단위라고 말하며 알파벳 i로 나타낸다. $5i$나 πi, $i\sqrt{2}$($\sqrt{-2}$와 같다)처럼 실수에 i를 곱한 수는 비록 실수 못지않게 실제임에도 불구하고 허수라고 부른다! 실수와 허수의 합은 복소수라고 한다. 여기서도 '복소수complex number'는 잘못된 명칭이다. 일상적인 의미로 보면 어렵거나 복잡할 것처럼 들리지만, 그렇지 않기 때문이다. 학교에서 복소수를 배우지 않은 사람도 많지만, 우리 중 한 사람(데이비드)은 개인적으로 가르치는 10~11살짜리 어린이들에게 허수와 복소수 개념을 종종 소개하며, 아이들은 전혀 문제없이 이해한다.

역사적으로 보면, 복소수는 등장하고 난 뒤 시간이 흐르며 문제의 실수 해답을 얻는 중간 과정으로 유용하다는 사실이 드러나면서 받아들여졌다. 일상에서 쓰는 산수에 복소수가 필요하지 않다는 건 사실이다. 심지어는 음수를 몰라도 대체로 어찌어찌 살 수 있다. i가 붙은 수 같은 신경을 써야 할 이유가 어디 있을까? 우리 중에 허수를 매일같이 사용하는 사람은 거의 없겠지만, 우리 모두는 허수를 알고 이용할 줄 아는 사람들에게 의지한다. 복소수가 현대 물리학과 공학의 여러 분야에 필수적이기 때문이다. 전기공학에서는 교류 전류를 나타내기 위해 복소수를 사용하며, 상대성이론과 양자역학(원자와 아원자 수준에서 세계에 대한 우리의 이해를 떠받치고 있다) 같은 물리학 분야에서도 복소수는 필수적이다. 이렇게 과학과 관련이 있는 건 복소수에 아주 유용한 수학적 성질이 있기 때문이다. 예를 들어, $x^2+1=0$과 같은 다항식에는 실수 해가 없을 수도 있지만, 복소수 해는 언제나 있다. 이 사실은 독일 수학자 카를 가우스Carl Gauss가

1799년에 처음으로 증명했으며, 대단히 중요해 대수학의 기본
정리로 불린다.

군과 환, 추상대수학의 등장

자, 이제 복소수로 우리는 수학적으로 가능한 길의 끝에 도
달했을 게 분명하다. 하지만 아니다. 어림도 없다. 복소수 체계
보다도 더 큰 다른 체계는 너무나 방대해서 그걸 이해할 수 있
으려면 추상대수학이라고 하는 이상한 나라로 과감히 들어가야
한다. 가능한 한 뭉뚱그려 설명하자면, 이 은밀한 수학의 왕국
은 – 자기 자신만의 사고思考 우주를 만드는 일을 즐기는 사람
에게 특히 매력적이다 – 정의가 명확한 특정 연산을 수행할 수
있는 집합(어떤 것의 모임)을 다룬다. 추상대수학에서 연구하는
한 가지 대상이 우리가 4장에서 대칭을 탐구하며 몇 가지 사례
를 접했던 군group이다. 환ring이라는 것도 있는데, 원과는 아무
관련이 없고 +과 ×라고 부르는 두 가지 연산이 잘 정의되어 있
는 집합을 말한다. 이 두 연산은 우리에게 익숙한 덧셈, 곱셈과
똑같은 성질을 공유한다. 정확히 말해, 환론을 이야기할 때 덧
셈은 결합법칙이 성립해야 한다. 그리고 항등원과 덧셈의 역원
이 둘 다 있어야 한다. 환의 곱셈 역시 몇 가지 조건을 만족해야
한다. 자연수는 덧셈의 항등원이나 덧셈의 역원이 없기 때문에
(0은 자연수가 아니고, 음수도 아니다) 환을 만들지 못한다. 하지만
정수는 환을 만든다. 다른 환으로는 유리수, 실수, 복소수 등이
있으며, 다른 많은 사례가 있다.

추상대수학은 우리가 새로운 수 체계를 정의하고 환인지 아니면 다른 수학적 대상인지에 따라 분류할 수 있게 해준다. 우리는 정수의 단순한 확장이 아닌 환을 찾을 수 있다. 그리고 훨씬 더 큰 수 체계도 찾을 수 있다. 그런 것 중의 하나가 1843년에 아일랜드 수학자 윌리엄 해밀턴William Hamilton이 발견한 사원수quaternion다. 복소수는 x축이 실수를 나타내고 y축이 허수를 나타내는 2차원 평면 위에 나타낼 수 있다. 해밀턴은 복소수보다 큰 수 체계를 3차원 공간에 나타낼 수 있을지 궁금했다. 그런 체계를 찾으려고 애쓰다가 마침내 4차원 공간에 존재하는 모습을 상상할 수 있었던 사원수를 떠올렸다. 더블린의 브로엄 다리를 건너다가 영감을 받은 해밀턴의 머리에 $i^2=j^2=k^2=ijk=-1$라는 식이 번뜩 떠올랐다. 그와 함께 -1의 제곱근이 단 두 개(i와 $-i$)가 아니라 여섯 개라는 사실을 깨달았다. 사실 오늘날 우리는 -1의 제곱근이 무한히 많다는 사실을 알고 있다!

사원수는 폭넓게 퍼지지는 않았지만, 대부분에게 복소수보다도 더 모호하게 다가옴에도 불구하고 몇몇 분야에서 가치를 입증했다. i와 j, k의 배수로만 이루어져 있을 때 사원수는 3차원 공간의 벡터(크기와 방향이 있는 양)에 대응이 된다. 사실 사원수는 스칼라가 실수부가 되는 벡터와 스칼라의 합으로 나타낼 수 있다. 이런 방식으로 3차원 벡터를 나타내면 사원수는 시선을 회전하는 능력이 필수적인 3차원 애니메이션과 시뮬레이션에 대단히 유용하다. 예를 들어, 3차원 그래픽을 이용한 컴퓨터 게임은 그런 회전을 나타내기 위해 사원수를 이용한다.

해밀턴의 발견에서 영감을 얻은 동료 아일랜드 수학자 존 그레이브스John Graves는 팔원수octonion라고 하는 또 다른 새 수 체계를 만들었다. 하지만 발표를 늦게 하는 바람에 1845년에 팔원수를 내놓은 영국 수학자 아서 케일리Arthur Cayley에게 선수를 빼앗겼다. 팔원수는 1과 다른 일곱 가지 값(흔히 간단하게 e_1, e_2, …, e_7라고 부른다)의 배수의 합으로, $e_1{}^2=e_2{}^2=\cdots=e_7{}^2=-1$이라는 등식을 만족한다. 하지만 서로 다른 두 팔원수를 곱할 때는 훨씬 더 복잡한 곱셈표가 있어야 한다. 모호하게 들릴지 몰라도 팔원수는 끈 이론이라는 고도로 수학적인 첨단 물리학 분야에 쓰인다.

초실수와 초현실수, 수 체계의 끝은 어디까지일까

아직도 우리는 수 체계(혹은 수학자의 상상력)가 어디까지 가능한지 그 한계에 도달하지 못했다. 실수의 수직선을 무한히 큰 쪽과 무한히 작은 쪽 양방향으로 확장하는 방법은 이미 발견했다. 초실수 체계라는 수 체계 안에는 실수에 더해 무한히 큰 수 ω(오메가)와 무한히 작은 수 ε(입실론)이 있다. 이 둘은 $\varepsilon=1/\omega$라는 관계가 있다. ω와 ε의 배수도 가능하다. 따라서 $3\omega+\pi-\varepsilon\sqrt{2}$와 같은 수도 초실수다. ω에 어떤 실수를 곱한 것보다 큰 ω^2와 ε에 어떤 실수를 곱한 것보다 작은 ε^2과 같은 초실수도 있다. 초실수는 더하고 빼고 곱하고 나누는 게 가능하기 때문에 유리수와 실수와 마찬가지로 체field를 만든다. 또, 어떤 초실수가 다른 초실수보다 크다는 것의 의미를 정의할 수 있기 때문에 순서대로 정렬할 수 있다. 따라서 순서체ordered field라고 불린다. 복소수체와 같은 다른 몇몇 체는 순서체가 아니다. 예를 들어, i를 수직선 위에 놓는다고 할 때 0보다 큰지 작은지 어떻게 알 수 있겠는가?

무한대와 무한소를 포함하는, 실수의 가장 풍성한 확장판은 앞서 언급했던 초현실수다. 초현실수는 데데킨트 절단이라는 개념을 논리적 극한까지 몰고 간다. {L│R}과 같은 형태로 나타내는데, 여기서 L과 R은 L집합의 모든 원소가 R집합의 모든 원소보다 작도록 사전에 만들어 놓은 초현실수의 집합이다. 그러면 새로운 초현실수는 두 집합 사이에 놓여야 하며, L집합의 모든 원소보다 크고 R집합의 모든 원소보다 작다.

우리는 초현실수라는 상상하기 어려울 정도로 광대한 우주 전체를 백지 상태에서부터 효과적으로 만들 수 있다. 첫 번째를 만들려면 L과 R이 모두 공집합(원소가 하나도 없는 집합)이어야 한다. 그러면 초현실수 {ㅣㅣ}가 생기는데, 이게 0이다. 일단 0이 생기면, 0을 집합 L과 R에 이용해 더 많은 초현실수를 만들 수 있다. 다음으로 만들 두 가지는 {ㅣ0}인 −1과 {0ㅣ}인 1이다. 이어서 2는 {1ㅣ}이고, 3은 {2ㅣ}와 같이 계속 이어진다. 한편, {0ㅣ1}은 1/2이다. 분모가 모두 2의 거듭제곱인 모든 분수, 즉 이진유리수는 유한한 단계 안에 초현실수로 나타낼 수 있다. 하지만 이진유리수만 포함하는 체계는 그다지 강력하지 않다. 모든 실수는 고사하고 모든 유리수조차 나타낼 수 없다. 우리가 무한한 단계를 허용해야만 커다란 돌파구가 생긴다. 무한히 많은 단계를 거친 뒤, 일단 모든 이진유리수를 구성하고 나면 한 번의 추가 단계만으로 모든 실수를 만들 수 있다. 원래 데데킨트는 데데킨트 절단에서 모든 유리수를 사용했지만, 사실 이진유리수만 사용해도 충분하다.

그러나 실수가 만들 수 있는 유일한 새로운 초현실수는 아니다. 동시에 ε과 ω 역시 만들어진다. ε의 경우, L에는 0이 들어가고 R에는 이전에 만들었던 모든 양의 초현실수(모든 이진유리수)가 들어간다. 한편 ω의 경우, L에 기존의 모든 초현실수가 들어간다. 따라서 ω는 그 모두보다 크다. −ε와 −ω, 게다가 모든 이진유리수 x에 대해 x+ε와 x − ε도 정의할 수 있다.

초현실수는 너무나 많아서 실수는 그중의 아주 미미한 일부에 불과하다. 초현실수와 실수의 격차보다는 상상할 수 없을 정도로 작기는 해도 초월수 역시 다른 어떤 실수보다 훨씬 많다.

초현실수는 가능한 순서체 중에서 가장 크다. 모든 실수뿐만 아니라 모든 초실수, 심지어는 갈수록 커지는 방대한 무한대의 계층까지도 포함한다. 초현실수는 현기증이 날 정도로 많기 때문에 아무리 큰 무한이라고 해도 모두 담을 수 없다. 초현실수는 너무나 많아서 고유 모임을 형성한다. 초현실수를 모두 담을 수 있을 만큼 큰 집합은 없다는 소리다.

7장

타일링:
수수하고 멋지고
완전히 독특하게

대단한 열정의 순간이 올 때면 나는 이 세상 누구도 이렇게 아름답고
중요한 것을 만든 적이 없다는 생각이 든다.

- M. C. 에스허르

1975년의 어느 날 샌디에이고에 사는 마저리 라이스Marjorie Rice는 아들의 『사이언티픽 아메리칸』에 실린 한 기사를 읽었다. 거기에는 평면을 완전히 채울 수 있는, 즉 쪽매맞춤을 할 수 있는 오각형이 단 여덟 가지밖에 없다는 내용이 담겨 있었다. 고등학교를 졸업한 뒤로는 수학을 공부해본 적이 없었지만, 라이스는 직접 하나를 찾아보기로 했다. 몇 년 뒤 라이스는 한 개만이 아니라 네 가지 새로운 쪽매맞춤을 찾아냈다. 학술지에 실릴 정도로 중요한 결과였다.

타일링을 감상하는 데 수학자가 될 필요까지는 없다. 타일링은 인류 문명만큼이나 오래되었고, 지성과 이성의 산물인 만큼 예술의 산물이기도 하다. 성질은 단순함 그 자체다. 타일링은 아무런 틈이 없이 서로 완벽하게 맞아떨어지며 무한히 반복될 수 있는 도형으로 만든 패턴이다. 타일은 자기나 벽돌, 혹은 다른 물질로도 만들 수 있고, 고대 수메르 시절부터 건물의 벽과 바닥, 천장에 타일 패턴을 장식으로 사용해 왔다.

타일링의 종류

'타일링'과 '쪽매맞춤'은 서로 바꾸어 가며 쓸 수 있다. 쪽매맞춤을 뜻하는 영단어 'Tessellation'은 '작은 사각형 돌이나 타일'을 뜻하는 라틴어 단어 테셀라투스 tessellatus에서 유래했지만, 오늘날에는 모양과 상관없이 완벽하게 평면을 채우는 패턴을 뜻한다. 많은 쪽매맞춤은 정다각형* 타일로 이루어진다. 한 가지 정다각형으로 만들면 '정규 타일링'이라고 한다. 사실 이게 가능한 건 단 세 가지 정다각형으로, 정삼각형, 정사각형, 정육각형뿐이다. 이 셋, 이 세 가지만 가능한 이유는 내각(각각 60°와 90°, 120°)이 360°를 나누어 떨어뜨리기 때문이다. 타일의 꼭짓점이 모이는 곳은 반드시 360°가 되어야 한다. 한편, 두 가지 이상의 정다각형을 사용하되 모든 꼭짓점의 모양이 똑같도록 배열해서 '준정규 타일링'을 만들 수도 있다. 준정규 타일링에는 모두 여덟 가지, 혹은 정삼각형과 육각형으로 이루어진 것을 거울상까지 해서 두 개로 친다면 아홉 가지가 있다. 준정규 타일링으로는 정사각형과 정삼각형으로 이루어진 두 개, 정십이면체와 정

....
* 모든 내각의 크기가 같고 모든 변이 직선이고 길이가 같은 도형

준정규 타일링. 두 가지 이상의 서로 다른 정다각형으로 이루어져 있지만, 각 꼭짓점을 둘러싸고 똑같은 다각형이 똑같은 순서로 놓여있다.

사각형, 정육각형으로 이루어진 한 개 등이 있다. 비정규 타일링은 온갖 방식이 가능하다. 즉, 정다각형이나 변이 직선인 도형뿐만이 아니라 어떤 모양의 타일로도 만들 수 있다.

자연에서 찾아볼 수 있는 가장 낯익은 쪽매맞춤 사례는 육각형이 깔끔하게 쌓여 있는 벌집이다. 과거에 용암이 천천히 식으면서 생긴 주상절리에서도 좀 더 큰 육각형 쪽매맞춤을 볼 수 있다. 이런 현상은 북아일랜드의 자이언트 코즈웨이와 캘리포니아의 악마의 기둥을 비롯해 세계 여러 곳에서 일어난다. 쪽매맞춤 패턴은 패모꽃 같은 몇몇 꽃, 그리고 물고기와 뱀의 비늘에도 있다.

인간이 만든 타일 패턴

기록으로 남아있는 인공 쪽매맞춤의 시작은 기원전 3000년경으로, 어쩌면 오늘날 이라크 남부에 있는 수메르의 건물 기둥에 있는 모자이크가 좀 더 이를 수도 있다. 서로 다른 색깔의 작은 육각형 타일이 지그재그와 다이아몬드 모양의 패턴으로 배열되어 있다. 타일이 서로 꼭 들어맞는 정육각형이기 때문에 진짜 쪽매맞춤이다. 로마의 저택에서 흔히 볼 수 있는, 사람이나 동물이 있는 장면을 묘사하는 모자이크는 대부분 이와 다르다. 많은 모자이크는 조각이 비록 서로 가까이 붙어 있지만 그 사이에 틈이 있다. 따라서 타일링의 수학적인 정의에 부합하지 않는다.

이슬람 세계에서는 살아있는 것이나 어떤 종류든 실제 물체를 나타내는 게 금기였다. 우상숭배로 해석할 수 있기 때문이었다. 그래서 건물 장식도 순수한 기하학적 형태였다. 이슬람 예술가는 자신이 작업할 수 있었던 한정된 영역을 최대한 활용해

알함브라 궁전의 타일링.

　　　　　　　　　　　　　　　더 기묘한 수학책

서로 완벽하게 들어맞는 복잡하고 화려한 도형의 패턴을 고안했다. 이런 독창성이 잘 나타난 곳으로는 스페인 남부에 있는 멋진 알함브라 궁전만 한 게 없다. 원래는 889년에 지은 작은 요새였지만, 재건과 증축을 거치다가 마침내 14세기에 웅장한 왕가의 저택으로 탈바꿈했다. 알함브라 궁전 벽에서는 그 다양함과 기교에 숨이 턱 막힐 정도인 타일링의 걸작을 볼 수 있다.

알함브라 궁전의 타일 패턴에는 다각형뿐만 아니라 곡선 도형, 그리고 여러 가지 색의 타일이 기술적, 미적 예술성을 모두 찬양하듯 다같이 쓰였다. 타일링과 비슷한 것으로는 총 17가지가 있는 '벽지군wallpaper group'이라는 개념이 있다. 벽지군은 패턴이 보여주는 대칭에 기반해 2차원 반복 패턴을 분류하는 수학적 방법이다. 4장에서 보았듯이, 2차원의 기본 대칭 변환은 반사와 회전, 평행이동, 미끄럼반사의 네 가지뿐이다. 각 벽지군은 두 가지 독립적인 평행이동이 가능해 그 안에 속하는 어떤 타일링이라도 끝없이 주기적으로 반복되면서 전체 평면을 덮을 수 있다. 게다가 회전, 반사, 미끄럼반사를 비롯한 다른 대칭 변환이 가능할 수도 있다. 알함브라 궁전에 있는 다양한 타일링 속에 17가지 벽지군이 모두 나타나고 있다는 주장도 널리 퍼져있지만, 일부 수학자는 몇 가지 군이 빠졌다며 반박하고 있다. 그렇다고 해도 이곳에서 볼 수 있는 타일링의 다양함은 대단히 인상적이다. 깊은 인상을 안겨주며 네덜란드 예술가 마우리츠 에스허르의 마음을 사로잡았던 것도 확실하다. 에스허르는 젊었던 시절인 1922년에 처음으로 이 무어인의 궁전을 방문했고, 1936년에 다시 돌아와 더 오래 머물며 타일링을 스케치하고 기록하다가 쪽매맞춤이라는 개념에 완전히 빠져 버렸다. 훗날 에스허르는 다음과 같은 글을 남겼다.

그건 여전히 극도로 몰입하게 되는 활동으로, 나는 거기에 중독된 것처럼 완전히 열중하게 되어 버렸다. 때때로 나는 거기서 빠져나오기가 힘들다는 것을 느낀다.

에스허르가 알함브라 궁전에서 그린 스케치는 향후 작품 활동에 영감을 주는 주요 원천이 되었다. 에스허르는 앞서 등장했던 헝가리의 포여 죄르지와 독일 결정학자 프리드리히 하크가 평면 대칭에 관해 쓴 논문을 읽으며 수학을 파고 들어갔고, 이를 바탕으로 자신이 〈정규평면분할〉이라고 이름 붙인 연작 그림을 그렸다. 에스허르에게 논문을 보내준 사람은 지질학자로 결정 구조에서 대칭의 중요성을 아주 잘 알고 있었던 형 베런트 Berend였다. 에스허르는 17가지 벽지군을 익힌 뒤 기하학적 격자를 이용해 자신만의 주기적 타일링을 만들기 시작했다. 그러나 다각형 대신 새나 물고기, 파충류, 매우 독창적으로 조합한 천사와 악마 모양이 복잡하게 서로 맞물리는 방식을 실험했다. 쪽매맞춤과 육각형 격자에 바탕을 둔 초창기의 작품 하나가 연필과 잉크, 수채물감으로 그린 〈파충류를 이용한 정규평면분할 연구〉(1939)다. 각각 녹색과 빨간색, 하얀색인 도마뱀 세 마리의 머리가 각 꼭짓점에서 만나며 나머지 몸체는 아무 틈도 생기지 않게 서로 꼭 들어맞는다. 에스허르는 4년 뒤 자신의 유명한 판화 작품인 〈파충류〉에 이 디자인을 다시 사용했다.

더 기묘한 수학책

순수한 예술적 표현과는 상관없이 타일링을 수학적으로 탐구하기 시작한 건 불과 몇 세기 전이었다. 초창기의 도전자 중 한 명이었던 독일의 천문학자이자 수학자였던 요하네스 케플러는 1619년에 출간한 위대한 저서 『세계의 조화』에서 쪽매맞춤에 대해 다루었다. 첫 두 장에서 정다각형과 준정다각형을 다루었는데, 여기서 정다각형과 준정다각형 타일링이 평면을 어떻게 채울 수 있는지를 생각하게 되었다.

세 가지 행성운동법칙으로 유명하며 『세계의 조화』에서 음악 이론과 행성의 움직임 사이의 연결고리라고 생각했던 내용을 주로 다루었던 케플러가 타일링에 관한 이야기를 집어넣었다는 게 놀라울 수는 있다. 하지만 당시는 아직 신비주의와 과학이 뒤엉켜 있는 시대였다. 그리고 케플러의 머릿속에서 천상의 완벽함은 특정한 기하학적 형태와 음계의 협화음이 지닌 완벽함 속에 반영되어 있어야 했다. 케플러는 벌집과 눈송이의 수학적 구조를 연구한 첫 번째 인물이었고, 세 가지 정규 타일링과 더불어 여덟 가지 형태의 준정규 타일링을 확인한 첫 번째 인물이었다. 케플러는 전자를 일컬어 '완벽한 합치'라고 말했고, 후자는 '가장 완벽한 합치'라고 했다.

안타깝게도, 타일링에 관한 케플러의 연구는 후대의 수학자들에게 거의 관심을 받지 못했고 케플러의 유명한 천문학 업적에 대부분 가려졌다. 이 주제에 관해 더 진전이 이루어진 건 19세기 말이 되어서였다. 그건 시급한 과학 문제에 대한 대응으로 이루어졌는데, 바로 결정이 취할 수 있는 다양한 모든 형태

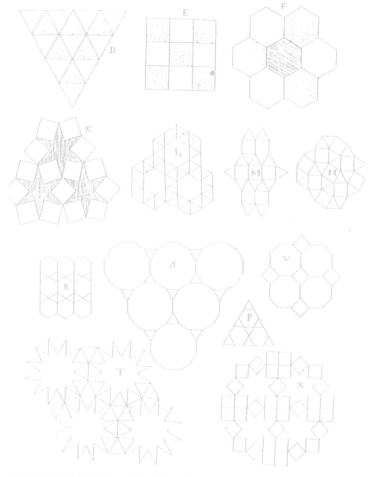

케플러가 『세계의 조화』에서 소개한 타일링의 예시.

를 분류해야 하는 필요성이 대두되었기 때문이다. 실제로 타일링의 수학을 한 단계 훌쩍 끌어올린 다음 인물은 결정학과 기하학에 관한 깊은 관심을 결합했던 러시아의 예브그라프 표도로프Evgraf Fedorov였다. 처음에는 평평한 면이 있고 어느 차원에나

더 기묘한 수학책

존재할 수 있는 도형인 다포체에 흥미를 느꼈다. 이 주제에 관한 책『다포체의 기초』를 출간한 지 6년 뒤인 1891년에 표도로프는 자신을 가장 유명하게 만든 두 가지 결과를 증명했다. 먼저 정확히 230가지 '공간군space group'이 있다는 사실을 보였다. 이들은 3차원 공간의 가능한 모든 대칭군이며, 대칭의 성질이라는 관점에서 볼 때 원자를 배열해 결정을 만들 수 있는 유일한 방법을 나타낸다. 이 발견 덕분에 표도로프는 2차원 공간에서는 230가지 공간군이 단 17가지 유형(앞에서 언급했던 벽지군이다)으로 줄어든다는 사실을 보일 수 있었다.

주기적, 무주기적, 비주기적인 타일링

지금까지 우리가 이야기한 모든 타일링은 주기적periodic이다. 간단히 말해서, 타일링 패턴이 독립적인 두 방향으로 반복(벽지군에 속한다는 것을 확실하게 알려주는 성질이다)된다는 뜻이다. 어떤 타일링이 주기적인지를 알아내는 한 가지 방법은 격자(일정한 간격으로 늘어선 평행선의 집합 두 개)를 구성해 보는 것이다. 이 격자를 이루는 평행사변형을 '주기 평행사변형'이라고 부른다. 만약 타일링이 주기적이라면, 주기 평행사변형이 '기본 영역'이라고 하는 동일한 구역을 포함하도록 격자를 그 위에 겹쳐 놓는 방법이 있다. 같은 원리로, 우리는 기본 영역을 시작으로 평면 위에서 무한히 복사, 평행이동, 붙이기를 함으로써 타일링을 재현할수 있다.

주기적 타일링은 무한히 많다. 무주기적non- periodic 타일링

– 평행이동 대칭이 되지 않아 방금 말한 격자 테스트를 통과하지 못한다 – 역시 무한히 많다. 과거의 수학자는 어떤 타일 집합으로 무주기적 타일을 만들 수 있다면, 같은 집합으로 주기적 타일도 만들 수 있다고 생각했다. 예를 들어, 이등변삼각형은 주기적 타일링이 가능하다. 하지만 방사형 패턴으로도 배열할 수 있고, 이는 매우 질서정연하긴 해도 분명히 무주기적이다.

1961년 중국의 논리학자이자 수학자인 왕하오Wang Hao는 잘 정의한 절차 또는 알고리즘을 이용해 어떤 타일 집합이 평면을 채울 수 있는지, 그리고 그것을 사전에 결정하는게 항상 가능한지 궁금했다. 왕이 초점을 맞춘 집합은 변을 다양한 색으로 칠한 정사각형 타일 집합이었다. 이 타일 집합은 왕 도미노라고 불린다. 왕은 평면을 채울 수 있는 모든 타일 집합이 주기적이라는 가정 하에 사전에 결정하는 게 가능하다고 추측했다. 그러나 몇 년 뒤 왕의 제자인 로버트 버거Robert Berger가 이 가정에 결함이 있다는 사실을 보였다. 버거는 왕 도미노를 이용해 비주기적aperiodic 타일링*의 첫 번째 사례를 찾아냈다. 20,000개 이상의 타일이 연관되어 있는 대단히 복잡한 작업이었다. 이후 버거는 단 104개의 왕 도미노만으로 비주기성을 보일 수 있는 집합을 발견했다. 컴퓨터 과학자이자 알고리즘 전문가인 도널드 크누스Donald Knuth를 비롯한 다른 수학자들은 여전히 이 수를 계속 줄여나가고 있다. 타일의 변에 돌출부와 움푹 파인 부분을

....

* 무주기적 타일링이 되도록 배열할 수는 있지만 주기적 타일링이 될 수는 없는 타일들로 만든 타일링

추가하면 왕 도미노의 많은 변종을 만드는 게 가능하지만, 모두 대략적으로 정사각형 형태다. 1977년 미국의 아마추어 수학자 로버트 암만Robert Ammann은 단 여섯 가지 정사각형 유형의 타일만 이용하는 비주기적 타일링을 발견했다. 왕 도미노의 원형에서 유래한 타일을 이용해 수를 더 줄이는 게 가능한지는 비록 어려워 보이지만 아직은 모른다.

특허로 등록된 펜로즈 타일링

그러나 비주기성이 나올 수밖에 없을지도 모르는 다른 유형의 타일로 관심을 돌린 분야에서는 더 많은 발전이 이루어졌다. 이 분야의 선두 주자는 일반상대성이론과 우주론 연구로 유명한 영국의 수학자 겸 수리물리학자인 로저 펜로즈Roger Penrose였다. 1970년대 초중반 펜로즈는 비주기적 타일링 세 가지를 발견했고, 오늘날 여기에는 펜로즈의 이름이 붙어 있다.

P1이라고 부르는 첫 번째는 오각형과 '다이아몬드', '별', '보트'라는 다른 세 가지 도형으로 만든다. 다이아몬드는 날씬한 마름모*이고, 별은 뾰족한 부분이 다섯 개인 별이다. 그리고 보트는 그 별의 일부(약 5분의 3 정도)다. 이들을 특정한 규칙에 따라 붙여 놓아야 하며, 보통 다른 색으로 나타낸다.

펜로즈가 발견한 다른 두 타일링은 각각 두 가지 타일만 사용한다. 여기저기서 이야기가 많이 나와 가장 유명한 P2는 특정

....

* 네 변의 길이가 모두 같고 마주보는 내각의 크기가 같은 사각형

비율의 '연'과 '화살표'로 이루어진다. 이 두 도형은 ɸ(파이)가 황금비일 때 긴 대각선이 1:1/ɸ으로 나누어지는 마름모 한 개로 만들 수 있다. 아니면, 황금 삼각형 두 개가 붙어 있는 것으로 볼 수도 있다. 반면, 화살표는 '황금 그노몬golden gnomon'** 두 개로 이루어져 있다. 황금 그노몬의 예각은 36도로, 황금 삼각형의 꼭대기 각과 똑같다.

별다른 장식을 붙이지 않는다면 연과 화살표는 평면을 주기적으로 채울 수도 있다. 타일 끝을 들쭉날쭉하게 만들거나 좀 더 아름답도록 호를 그려 색칠하고 같은 색깔끼리 이어지도록 타일을 맞추어야 한다는 규칙을 둔다면 이런 가능성을 피할 수 있다.

세 번째 펜로즈 타일링인 P3은 예각이 각각 36도와 72도인 마름모 두 개로 이루어진다. 역시 특정 방식으로 서로 연결해야 주기성을 피할 수 있다. 예를 들어, 평행사변형이 되도록 놓아서는 안 된다. 모든 펜로즈 타일링의 공통적인 특징은 국지적으로 5배 회전대칭이라는 것이다. 펜로즈와 존 콘웨이는 각기 독립적으로 색칠된 호 부분이 둥글게 말려 원 모양을 이루기만 하면, 그 주위로 전체가 오각형 대칭을 이룬다는 사실을 증명했다.

펜로즈는 날카로운 비즈니스 감각을 선보이며 1979년, 자신의 발견에 특허 출원 승인을 받은 뒤 세상에 공개했다. 어떤 이

---

*   길이가 같은 변의 길이와 다른 한 변의 길이가 황금비를 이루는 이등변삼각형
**   세 각의 크기가 1:1:3을 이루는 삼각형

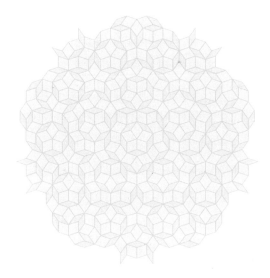

뚱뚱한 마름모와 날씬한 마름모로 만든 펜로즈 타일링(P3).

들은 우주의 자연 현상에 특허를 출원한다는 게 순수 연구 종사자에게 위험한 선례를 남길 수 있다고 주장할지도 모른다. 또 어떤 이들은 최소한 법적인 관점에서는 수학이 발견인지 발명인지에 관한 철학적인 논거가 될 거라고 생각할지도 모른다. 한편, 펜로즈는 상당한 여가 시간을 투자해 그 문제를 연구한 게 분명하니 다른 창의적인 예술가와 마찬가지로 어느 정도 노력에 대한 금전적인 보상을 받는 게 당연하다고 할 수도 있다.

로저 경은 자신의 특허를 침해한 사람을 잡아내는 데도 기민했다. 1997년 아내가 클리넥스의 화장실용 휴지를 사가지고 집에 돌아오자 펜로즈는 금세 자신의 패턴 중 하나가 돋을새김으로 찍혀 있다는 사실을 알아챘다. 이 옥스퍼드의 수학자는 자신의 디자인을 그렇게 꼴사나운 방식으로 활용했다는 데 '충격과

경악'을 느꼈다고 한다. 월스트리트 저널의 보도에 따르면, 펜로즈의 변호사는 그가 "기분이 좋지 않았다"고 말했다. 펜로즈와 펜로즈 타일링에 대한 라이센싱 권리를 소유한 요크셔 소재 기업 펜타플렉스는 클리넥스 제품을 만드는 킴벌리클라크를 저작권 위반으로 고소했다. 기분 나쁜 화장실 휴지 재고를 모조리 없애버리고 그 제품으로 킴벌리클라크가 거둬들인 수익을 조사해 손해를 평가해 달라는 요구도 담고 있었다. 펜타플렉스의 사장 데이비드 브래들리는 이렇게 말했다. "종종 우리는 대기업이 소기업이나 개인을 아무 소리도 못하게 찍어누르는 일을 많이 접한다. 하지만 그레이트 브리튼의 국민이 왕국의 기사가 만든 작품을 도용한 것으로 보이는 휴지로 엉덩이를 닦아야 하는 상황이 온다면 반드시 최후의 저항을 해야 하는 것이다."

주기적 패턴이 아니라 비주기적 패턴으로 화장실 휴지를 올록볼록하게 만드는 게 대단히 중요한 일인지 우리는 결코 알지 못할지도 모른다. 그러나 펜로즈 타일링은 다른 이유에서 엄청나게 매혹적이다. 첫째로 종류가 무한히 많다. 그리고 아주 놀랍게도 둘째로는, 모든 펜로즈 타일링이 서로 같다. 즉, 어떤 펜로즈 타일링이 있을 때 그 타일링의 모든 부분은 다른 모든 타일링에도 들어있다. 그러므로 타일링의 일부 조각을 보고 그게 어떤 타일링에 속하는 건지 알아내는 건 불가능하다. 이렇게 기묘한 내용을 설명하기 위해 작가이자 유희수학자인 마틴 가드너Martin Gardner는 셀 수 없이 무한한 펜로즈 타일링 중 하나로 채운 무한한 평면 위에 산다면 어떻게 될지 상상했다.

여러분은 끝없이 펼쳐진 평면 위에서 한 조각씩 패턴을 조사할 수 있다. 아무리 많은 부분을 탐험한다고 해도 여러분은 어떤 타일링 위에 있는 건지 절대 알아낼 수 없다. 멀리 가서 이어져 있지 않은 지역을 조사해도 소용없다. 모든 지역은 하나의 커다란 유한한 지역에 속해 있고, 그 유한한 지역과 정확히 똑같은 복제본이 모든 패턴 위에 무한히 많기 때문이다.

영국 수학자 존 콘웨이는 펜로즈 패턴에서 서로 짝지을 수 있는 지역에 관한 놀라운 정리를 증명했다. 어느 한 타일링의 어느 한 원형 지역의 지름을 d라고 하자. 다른 펜로즈 타일링 위에서 무작위로 선택한 점에서 시작해 똑같이 생긴 원형 지역 중에서 가장 가까운 것까지는 얼마나 멀까? 콘웨이는 똑같이 생긴 가장 가까운 원형 지역 둘레까지의 거리가 d에 황금비율의 세제곱의 절반을 곱한 값, 즉 약 2.11보다 클 수는 없다는 사실을 보였다. 같은 타일링 위에 있는 똑같은 지역의 경우에도 마찬가지다. 둘레에서 둘레까지의 거리는 그 지역의 지름을 약 두 배 한 값보다 절대 클 수 없다.

현실 세계에서의 비주기적 타일링, 준결정

순수한 수학적 창조물로서 비주기적 타일링은 놀랍게 다가왔다. 하지만 이는 과학자가 현실 세계에서 비주기적 타일링을 발견했을 때 받은 충격에 비하면 아무것도 아니었다. 자연 속의 모든 결정 형태가 차수가 2나 3, 4, 6인 회전대칭이며 모두 면과

벽개면˙의 배열에서 극도의 규칙성을 보인다는 사실은 거의 당연하게 받아들여지고 있었다. 그러나 1976년 로저 펜로즈는 마틴 가드너에게 보낸 편지에서 '준주기적' 결정이 가능할지도 모른다는 사실을 암시했다. 가드너는 그보다 조금 전에 펜로즈에게 로버트 암만이 발견한 새로운 사실을 알려준 바 있었다. 비주기적인 방식으로 공간을 채우는 두 능면체˙˙에 관한 내용이었다. 펜로즈는 어떤 바이러스는 십이면체와 이십면체 형태이며 자신은 어떻게 그럴 수 있는지 항상 궁금했다고 지적했다. 그리고 이렇게 덧붙였다.

하지만 암만의 무주기적 입체를 기본 단위로 삼으면 십이면체면이나 이십면체면을 따라 쪼개지는 (결정학적으로) 말도 안 되어 보이는 모습을 보이는 준주기적 '결정'에 도달하게 될 겁니다. 바이러스가 그런 무주기적 기본 단위를 이용한 방식으로 자라는 게 가능할까요? 아니면 너무 괴상한 생각일까요?

그 생각은 괴상하기는커녕 놀라운 선견지명이었음이 드러났다. 그 뒤로 여러 해에 걸쳐 학계에서는 비주기적 격자에 기반한 결정 구조가 존재할지도 모른다는 추측이 점점 강해졌다. 그러던 1984년 충격적인 발표가 있었다. 이스라엘 재료과학자 댄 셰흐트만Dan Shechtman과 미국 표준국(셰흐트만이 안식년을 보내고

....

* 결합력이 약해서 쪼개지는 면 - 역자
** 마름모로 둘러싸인 육면체 - 역자

히티로카 운석에서 발견된 천연 Al₆₃Ni₂₄Fe₁₃ 준결정의 고해상도 전자현미경 이미지

있었다)의 동료들이 급속도로 식힌 알루미늄-망간 합금을 전자
현미경으로 관찰해 비주기적 구조를 발견했다는 내용이었다.
몇몇 화학자가 잽싸게 '셰흐트만나이트'라고 이름 붙인 물질의
전자현미경 사진은 펜로즈 타일링과 유사한 비주기적 공간 타
일링을 강력하게 암시하는 5배 대칭을 똑똑히 보여주었다. 준결
정quasicrystal으로 불리게 된 이 현상을 발견한 공로로 셰흐트만
은 2011년 노벨 화학상을 받았다.

그러나 준결정의 존재가 널리 받아들여지기까지는 오랜 시간
이 걸렸다. 그만큼 통념을 거스르는 개념이었다. 셰흐트만은 이
렇게 회고했다. "나와 세상의 싸움이었다. 나는 조롱의 대상이
었고 결정학 기초 수업에서 다루는 주제였다." 가장 거세게 비
판한 사람 중 한 명은 노벨상을 두 번 받은 라이너스 폴링Linus

Pauling으로, 이렇게 말했다. "준결정이라는 건 없다. 오로지 준과학자만 있을 뿐."

오늘날 준결정의 존재를 의심하는 사람은 없다. 다양한 금속 합금에 따라 성분과 대칭성이 제각각인 수백 가지 유형을 이미 확인했다. 처음으로 만든 준결정은 열역학적으로 불안정했고 가열하면 평범한 결정 형태로 되돌아갔다. 하지만 1987년 최초로 안정적인 준결정을 찾아내 언젠가 기술적 적용을 가능하게 할지도 모를 자세한 연구를 하기에 충분한 견본을 생산할 수 있게 되었다. 자연 상태에서 생기는 준결정은 국제공동연구진의 오랜 탐색 끝에 '이코사헤드라이트'라는 물질에서 확인할 수 있었다. 화학식이 $Al_{63}Cu_{24}Fe_{13}$인 이 물질은 러시아 코략스카야 산맥의 사문석 노두*에서 수집한 표본 안에 작은 알갱이 형태로 들어있었다. 분석 결과 지구가 태어난 지 얼마 되지 않았을 때인 45억 년 전에 탄소질 콘드라이트형 운석에 실려 우주에서 온 게 거의 분명했다. 지질학 조사대가 발견 장소로 가서 운석 표본을 더 찾아내며 외계 기원이라는 사실을 확인했다. 1980년대 말에 일본의 금속공학자들이 실험실에서 이와 똑같은 유형의 알루미늄-구리-철 준결정을 만든 바 있었다.

아직도 수학과 자연 양쪽에 타일링과 관련된 미해결 문제가 많다. 펜로즈 타일링의 경우 필요한 서로 다른 타일의 최소 개수는 두 개다. 이게 한 개로 줄어들 수 있을까? 누구도 모르는 일이며, 여전히 열려 있는 매력적인 문제다.

．．．．．．．．．．．．．．．．．．．．．．．．．．．．．．．．

* 암석이나 지층이 지표면에 드러나 있는 곳 - 역자

주목할 만한 또 다른 문제로는 독일 기하학자 하인리히 헤슈 Heinrich Heesch 가 1968년에 제시한 게 있다. 어떤 도형이 있을 때 그 도형의 복제본으로 그 도형을 둘러쌀(겹치거나 틈이 생기지 않게) 수 있는 최대 회수를 이른바 도형의 '헤슈 수'라고 정의한다. 삼각형과 사각형, 정육각형처럼 하나만으로 평면을 완전히 채울 수 있는 도형의 경우 그 답은 무한이다. 헤슈 문제는 가능한 가장 큰 유한 헤슈 수를 포함해 헤슈 수가 될 수 있는 유한수의 집합을 결정하는 것이다.

이 문제를 생각할 때는 헤슈 수를 좀 더 정확하게 정의하는 게 도움이 된다. 어떤 타일을 둘러싼 첫 번째 껍질은 원래 타일 자체와 원래 타일과 경계선을 공유하는 모든 타일의 집합이다. 두 번째 껍질은 첫 번째 껍질에 속한 어떤 타일과 한 점을 공유하는 모든 타일의 집합이고, 계속 이런 식으로 이어진다. 어떤 도형의 헤슈 수는 k번째 껍질에 속한 모든 타일이 그 도형과 합동일 때 k의 최대값을 말한다. 오랫동안 유한한 k의 가장 큰 값이라는 기록은 3에 머물러 있었다. 로버트 암만이 찾아낸 도형으로, 두 변에 작은 돌출부가 있고 세 변에는 거기에 맞게 움푹 파인 곳이 있는 정육각형으로 이루어져 있었다. 그러나 2004년에 워싱턴대학교 보텔 캠퍼스의 수학자 케이시 만 Casey Mann 이 튀어나온 곳과 움푹 파인 곳이 있는 펜타헥스(오각형 다섯 개가 모인 것)로 이루어진 무수히 많은 타일 무리의 헤슈 수가 5라는 사실을 보였다. 이게 지금까지 밝혀진 가장 큰 유한한 헤슈 수지만, 아마도 앞으로 깨질 기록처럼 보인다.

혜슈 수 문제는 다른 두 유명한 미해결 타일링 문제와 밀접한 관련이 있는 것으로 보인다. '어떤 도형이 평면을 채울 수 있는지를 알아내는 알고리즘이 존재할까?'와 '오로지 비주기적 타일링만 가능한 도형이 존재할까?'다. 비주기적 타일링은 타일링 알고리즘의 존재를 가로막는 벽과 같기 때문에 이 두 문제의 답이 똑같을 가능성은 없다. 하지만 만약 어떤 수 k보다 큰 유한한 혜슈 수가 없다면, 이 수가 어떤 도형이 타일링이 가능한지 검사하는 알고리즘의 기초로 쓰일 수도 있어 보인다. 그저 k+1번째 껍질까지 만들어 보기만 하면 된다. 성공하면 그 도형은 평면을 채울 수 있고, 그렇지 못하면 채우지 못한다.

타일과 관련한 놀라운 발견들

미해결 문제가 많이 남아있고 새로운 문제도 항상 등장하지만, 주목할 만한 놀라운 발견도 몇몇 있었다. 그중 몇몇은 고차원과 관련이 있다. 예를 들어, 1981년 네덜란드 수학자 니콜라스 더브라윈Nicolaas de Bruijn은 뚱뚱한 마름모와 날씬한 마름모로 이루어진 모든 펜로즈 타일(P3형)은 5차원 입방체 구조를 무리수 각도로 5차원 공간을 자르는 2차원 평면에 투영해 만들 수 있다는 놀라운 결과를 증명했다.

수학적인 정교함의 척도로 따지면 반대쪽에 있지만 중요성은

....

* 실제로 2020년에 혜슈 수가 6인 도형이 발견되었다 - 역자

전혀 떨어지지 않는 발견도 이 장 맨 앞에서 언급했던 마저리 라이스에 의해 이루어졌다. 고등학교를 졸업한 뒤로는 수학 훈련을 전혀 받지 않았음에도 라이스는 마틴 가드너가 『사이언티픽 아메리칸』 1975년 7월호에 게재한 칼럼에서 다룬 주장에 마음이 끌렸다. 가드너는 1968년에 나온 증명에 따르면 쪽매맞춤을 할 수 있는 모든 볼록 다각형(내각이 모두 180도보다 작은 다각형)의 분류가 끝났다는 내용을 다루었다. 라이스는 전문가들이 뭔가를 놓쳤을지도 모른다고 생각하며 부엌 조리대의 타일 위에서 도형을 그려보기 시작했다. 혼자서 수학 퍼즐을 놓고 궁리해보는 일이 처음은 아니었다. 라이스의 아들 중 한 명은 라이스가 언제나 황금비와 대피라미드의 치수 같은 수와 기하학에 호기심이 있었다고 회상했다. 수학 전공이 아니라는 사실도 타일링 문제에 도전하는 데 걸림돌이 되지 못했다. 라이스는 "나는 나 자신만의 표기법을 개발했고, 몇 달 뒤에 새로운 유형을 발견했다"라고 말했다. 자신이 발견한 오각형 타일링의 새로운 유형을 가드너에게 보내자 가드너는 확인을 위해 그 분야의 전문가에게 전달했다. 라이스의 자체적인 기법은 오각형의 모서리가 타일링의 꼭짓점에서 모일 수 있는 방법을 다르게 바라보았다. 이 방법을 이용해 라이스는 볼록 오각형으로 쪽매맞춤을 하는 네 가지 새로운 방법을 찾아냈고, 이를 바탕으로 이전까지 누구도 모르고 있었던 쪽매맞춤 유형 60가지를 새로 발견했다.

라이스는 발견한 내용에 관해 강연을 해달라는 제안을 거절했고, 심지어는 자녀에게도 비밀로 했다. 하지만 학계와 언론을 통해 소식이 퍼지면서 결국 자녀들도 알게 되었다. 라이스는 몇 년 동안 치매를 앓다가 2017년 7월 94세의 나이로 세상을 떠났다. 공교롭게도 같은 달에 프랑스 수학자 미카엘 라오Michaël Rao가 평면을 채울 수 있는 볼록 다각형 분류를 완전히 종결짓는 증명을 발표했다. 그 증명에 따르면, 쪽매맞춤이 가능한 오각형은 마저리 라이스가 부엌에서 찾아낸 네 가지를 포함해 단 15가지 뿐이다. 라이스의 성취는 그 독창성 때문만이 아니라 오늘날에도 수학 훈련을 받지 않은 사람이 수학의 새로운 경지를 탐구하는 게 가능하다는 사실을 보여준다는 점에서 뛰어나다.

8장

괴상한
수학자들

많은 수학자는 어떤 식으로든 조금씩 이상하다. 그건 창의력과 함께 가는 것이다.

- 피터 뒤렌

제임스 워델 알렉산더 2세James Waddell Alexander II는 프린스턴 대학교 파인홀 3층에 있는 사무실을 떠날 때면 항상 창문을 열어두었다. 건물 벽을 타고 올라와 들어오기 위해서였다. 코호몰로지라는 개념과 매듭이론을 개척한 뛰어난 위상수학자였던 알렉산더는 숙련된 암벽등반가이기도 했다. 아마도 희한한 위상수학적 물체(알렉산더의 뿔 달린 구)와 로키산맥의 까다로운 얼음 절벽 코스(알렉산더의 굴뚝) 두 가지 모두에 이름이 붙은 유일한 사람일 것이다.

또 다른 미국 수학자 로널드 그레이엄Ronald Graham은 말도 안 될 정도로 큰 수를 발견한 일로 가장 유명한데, 그 수는 수학 증명에 쓰인 가장 큰 수라는 항목으로 기네스북에 올랐다. 또, 세계적인 수준의 정수론자이자 '고도로 숙련된 트램펄린 선수이자 저글러'로 〈리플리의 믿거나 말거나〉에 출연하기도 했다. 특이하게도, 그레이엄은 미국수학회와 국제저글러협회의 회장을 모두 역임했다.

각성제와 연구에 빠져 산 수학자

세상을 살다 보면 다양한 인물과 괴짜를 만나게 마련이다. 하지만 이런 면에서 수학은 어딜 가도 빠지지 않는 것 같다. 알렉산더와 그레이엄처럼 단지 완전히 다른 분야에서도 뛰어났기 때문에 두드러지게 눈에 띄는 훌륭한 수학자가 있다. 그런가 하면 다른 거의 모든 것에 관심을 끊고 수학에만 몰입하는 바람에 평범한 세상에서 멀어져 우리 같은 사람이 보기에는 별난 특징과 성격을 갖게 된 수학자도 있다. 후자 중에는 로널드 그레이엄과 가까운 친구였던 헝가리 수학자 에르되시 팔Erdős Paul이 있다. 그레이엄은 에르되시가 수많은 연구 성과를 내놓는다는 데 감동해서 에르되시 수라는 개념을 만들었다. 만약 여러분이 학술 논문을 공동으로 낸 적이 있다면, 에르되시의 논문과 몇 사람을 거쳐서 이어지는지를 나타내는 '에르되시 수'가 아마도 있을 것이다. 만약 여러분이 이 위대한 수학자와 공동으로 논문을 발표한 509명 중 한 사람이라면, 여러분의 에르되시 수는 1이다. 만약 여러분이 에르되시와 공동으로 논문을 낸 사람과 공동으로 논문을 냈다면 에르되시 수는 2가 되며, 이런 식으로 계속 이어진다.

다른 일은 거의 하지 않고 거의 오로지 수학에만 헌신했던 에르되시는 무려 1,525편이나 되는 논문을 발표했다. 직장도 영구적인 집도 없었으며, 낡은 가방 몇 개에 소지품만 담아서 이리저리 떠돌았다. 수입은 대부분 자선 기부하거나 무슨 이유에서인지 자신이 직접 풀지 못한 문제를 푸는 사람에게 상금으로 주었다. 에르되시는 대학에서 대학으로 떠돌아다니며 자신을 돌봐 주고 함께 연구하는 수학자 친구들의 집에서 묵었다. 그렇게 며칠이 지나면 강렬하고 끝없는 지적 활동으로 친구들을 지치게 만들곤 했다. 그는 세상을 떠나기 몇십 년 전부터 하루에 19시간씩 연구했으며, 항상 맑은 정신을 유지하기 위해 커피와 카페인 알약, 암페타민을 과다 복용했다. 1979년 에르되시의 약물 사용을 걱정한 그레이엄은 한 달 동안 그 습관을 끊을 수 있는지를 두고 500달러짜리 내기를 걸었다. 에르되시는 곧바로 끊은 뒤에 돈을 요구하며 말했다. "자네는 내가 중독자가 아니라는 사실을 내게 보여주었어. 하지만 나는 아무 연구도 끝마치지 못했지···. 자네는 수학을 한 달 후퇴시킨 거야." 그리고 다시 각성제를 입에 털어 넣기 시작했다.

수학적 종교 집단의 수장(?)

수학에 대한 강박은 오랜 시간을 거슬러 올라간다. 적어도 피타고라스와 그 추종자들이 살았던 2,500년 전까지. 저작이 하나도 남아있지 않기 때문에 피타고라스에 관해 확실히 알 수 있는 건 많지 않다. 그리고 피타고라스를 둘러싼 온갖(그리고 일부는 흥미로울 정도로 별난) 신화가 점점 덩치를 불렸다. 하지만 피타고라스가 은밀한 학파 내지는 종교 집단의 수장이었다는 주장은 상당한 인정을 받고 있다. 이 집단에서는 죽은 뒤에 영혼이 새로운 몸으로 들어간다는 것과 수의 핵심적인 중요성, '천구의 화음'(태양과 달, 행성의 움직임으로 생기는 음악)을 믿었으며, 또, 무슨 이유에서인지 모든 종류의 고기와 더불어 콩을 제자들이 먹지 않도록 엄격하게 금지했다. 출처가 불분명한 어떤 일화에 따르면, 이 변변찮은 작물의 권리를 짓밟지 않으려다가 파멸을 맞이했다고도 한다. 집에서 공격을 받아 도망쳐 나온 피타고라스는 콩밭을 마주쳤고, 차라리 죽는 게 낫겠다고 말하며 콩밭을 건너가기를 거절했다. 그러자 공격자가 피타고라스를 따라잡았고, 바라던 대로 목을 그어 죽였다는 이야기다.

너무 앞서 세상을 떠난 수학의 선구자

마찬가지로 비극적이면서 세부 내용이 좀 더 확실한 죽음은 1832년에 일어났다. 영리한 프랑스의 젊은 수학자 에바리스트 갈루아의 죽음이었다. 머릿속에서 손쉽게 문제를 푼 뒤 과정을 생략하고 답만 적어내는 십대 시절 갈루아의 뛰어난 능력은 스승을 화나게 했고 그게 학문적으로 발목을 붙잡았다. 그러나 그렇다고 해서 갈루아가 혼자서 연구를 하지 못한 건 아니었다. 갈루아의 연구는 몇 안 되는 논문에 간략하게 담겼고, 일부는 사후에 출간되었다. 그 와중에 5차 다항 방정식의 풀이를 찾는 과정에서 갈루아는 사실상 군이론을 만들기도 했다.

1829년에 아버지가 자살하면서 상황은 갈루아에게 안 좋게 돌아가기 시작했다. 젊은 갈루아는 공공연하게 목소리를 높이며 성급하게 시위에 참여하는 강력한 공화주의자로, 정치적 활동 때문에 감옥에 몇 번 갇히기도 했다. 하지만 그 안에서도 수학은 계속 연구했다. 두 번째 투옥에서 풀려난 뒤 얼마 되지 않아 갈루아는 결투를 벌이게 되었다. 어떤 여성 때문이었을 텐데, 상황이 명확하지 않아 어쩌면 정치적으로 반대편에 있는 자들이 판 함정이었을 수도 있다. 어쨌든 갈루아는 결투에서 복부에 총을 맞고, 다음 날 세상을 떠났다. 고작 스무 살 때였다. 결투에서 죽게 될 거라고 확신했던 갈루아는 전날 밤 가장 중요하게 여겼던 수학적 아이디어를 기록으로 남겼다. 14년 뒤에 이 기록과 출간되지 않은 몇 편의 논문을 발견한 사람은 초월수를 발견한 조제프 리우빌Joseph Liouville이었다. 리우빌은 그때까지 알려지지 않았던 갈루아의 연구가 천재적임을 알아보고 이를 세상에 알렸다.

무한대를 본 남자

갈루아의 훌륭한 점은 중간 단계에 너무 오래 머물지 않고도 다른 사람을 뛰어넘어 수학의 새로운 분야로 넘어가는 능력이었다. 하지만 시대를 너무 앞서간 데다가 증명을 자세히 남기지 않아서 동시대의 수학자에게는 도움이 되지 않았다. 시간이 한참 지나서야 갈루아의 업적을 완전히 이해할 수 있게 되었다. 마찬가지로 짧은 인생을 살았던 또 다른 수학자 스리니바사 라마누잔에 대해서도 똑같은 말을, 더욱 큰 소리로, 할 수 있다. 초기에는 거의 독학으로 수학을 공부했던 라마누잔은 가장 불가사의하고 신비로운 수학자다. 마치 아무것도 없는 곳에서 아이디어를 뽑아내는 것 같았다. 라마누잔의 말에 따르면, 창의력을 상징하는 힌두 여신 나마기리가 꿈속에서 준 선물이라고 한다. 때로는 완전히 이해한 채로 결과가 떠오르곤 했다. 한 번은 그와 같은 일이 있은 후 라마누잔은 다음과 같이 썼다.

잠을 자는 동안 특이한 경험을 했다. 피가 흐르며 붉은색 화면을 이루었다. 나는 그 모습을 보고 있었다. 갑자기 손 하나가 화면 위에 뭔가 쓰기 시작했다. 나는 집중했다. 그 손은 여러 가지 타원적분의 결과를 썼다. 그건 내 머릿속에 박혔다. 나는 잠에서 깨어나자마자 써내려가기 시작…

마드라스(오늘날의 첸나이)에서 하급 사무직으로 일하면서 여가 시간에 연구했던 라마누잔은 정수론에서 새롭고 심오한 발견을 해냈고, 서구의 수학자들이 수 세기에 걸쳐 알아낸 결과를 모르고 있다가 재발견하기도 했다. 이미 알려진 결론에 이를 때도 흔히 순수한 직관으로 보이는 발상에 따라 완전히 다른 독창적인 방법을 사용했다.

라마누잔은 자신의 발견에 흥미를 보일지도 모른다는 희망으로 영국의 몇몇 저명한 수학자에게 편지를 썼다. 하지만 1913년 초에 케임브리지대학교의 G. H. 하디에게 편지를 보낼 때까지 거의 무시당하고 있었다. 하디는 이 인도 수학자가 보낸 공식

콜카타의 비를라 산업기술 박물관 정원에 있는 스리니바사 라마누잔의 흉상

일부의 진가를 알아보았지만, 나머지는 "믿기에는 가능하지 않아 보였다." 연분수continued fraction에 관한 정리에 관한 한 하디는 "그와 같은 것을 전혀 본 적이 없었다." 하지만 사실이 분명하다고 추측했다. "왜냐하면 만약 사실이 아니라기에는 그런 것을 만들어 낼 만한 상상력을 지닌 사람이 없기 때문이었다."

하디는 라마누잔을 가까운 동료인 존 리틀우드John Littlewood와 자신이 있는 케임브리지로 초대했다. 하지만 라마누잔으로서는 쉽게 내릴 수 있는 결정이 아니었다. 가족과 13세였던 아내(중매결혼이었다), 자신이 알던 생활 방식을 뒤로 하고 떠나야 했으며, 브라만이라는 신분도 잃을 수밖에 없었다. 브라만 신분으로 바다를 건너간다는 건 금기였기 때문이다. 라마누잔의 어머니는 처음에는 반대했지만, 석 달 뒤에 나마기리 여신이 꿈에 나와 아들의 앞길을 가로막지 말라고 했다고 말하고부터는 누그러졌다. 우연히 인도에 머물고 있던 다른 케임브리지대학교

수학자와 함께 라마누잔은 그때까지 캐낸 수학의 보석이 담긴 공책으로 가득한 가방을 들고 SS네바사 호에 올랐다.

영국에서 사는 건 라마누잔에게 쉽지 않았다. 날씨는 습하고 추웠으며, 문화도 이질적이었다. 게다가 라마누잔은 영어를 잘 하지 못했다. 브라만의 원칙에 따라 엄격한 채식 식단을 고수하려면 매끼 스스로 요리해야 했다. 거기다가 1914년에 제1차 세계대전이 터지면서 주로 먹는 식품을 구할 수 없게 되자 라마누잔의 식사는 불규칙적으로 변했고, 결국 영양실조에 빠졌다. 장점도 있었다. 라마누잔의 자신감과 타고난 사고의 자유를 해치지 않으면서 수학 지식에서 빠져 있는 부분을 채워주는 섬세한 일을 해낼 수 있는 훌륭한 스승 하디를 얻을 수 있었다. 하디는 다음과 같이 회고했다.

라마누잔이 지닌 지식의 한계는 심오함만큼이나 놀라웠다… 그런 사람에게 체계적인 지도를 받아 처음부터 다시 한번 수학을 배우라고 하는 건 불가능했다. 한편 라마누잔이 모르는 상태로 있어서는 안 되는 내용도 있었다… 그래서 나는 직접 가르치려고 노력해야 했다. 그리고 어느 정도는 성공했다. 하지만 내가 라마누잔을 가르친 것보다 내가 라마누잔에게 더 많이 배웠다는 건 분명하다.

새로운 환경에 적응하는 데 몇 가지 문제는 있었지만, 거의 3년 동안 라마누잔은 학문적으로 성공했다. 증명을 교정하고 발표하는 데 결정적인 역할을 했던 하디와 함께 라마누잔은 중요한 논문을 연이어 발표했다. 2015년 영화 〈무한대를 본 남자〉

를 감독했던 매튜 브라운Matthew Brown은 라마누잔과 하디의 관계에 흥미를 느꼈다.

두 사람은 근본적으로 아주 다르다. 라마누잔은 마드라스에서 온 브라만 신분의 인도인으로, 정식 교육을 받지 못했으며 공식이 신의 생각을 표현하지 못한다면 의미가 없다고 믿었다. 반면 하디는 명문 케임브리지대학교 트리니티 칼리지의 존경받는 교수이며, 스스로 인정한 무신론자이기도 했다. 두 사람이 개인의 차이를 극복하고 수학의 역사에서 가장 위대한 협력을 이루어냈다는 건 믿을 수 없는 이야기다.

안타깝게도 협력 관계는 너무 일찍 끝났다. 1917년 봄 라마누잔은 결핵으로 보이는 심각한 병에 걸렸고, 영국에 머문 나머지 기간을 요양원을 들락거리며 보냈다. 1919년에는 인도로 돌아갈 수 있을 정도로 회복했다. 좀 더 친숙한 기후와 음식을 접하면 건강을 회복할 수 있을지도 모른다고 기대했지만, 라마누잔은 다음 해에 세상을 떠났다. 불과 32세로, 수학적 능력이 최고조에 달했을 나이였다. 오늘날까지도 연구자들은 라마누잔이 남긴, 뒤죽박죽이지만 매혹적인 기록을 뒤적거리며 새로운 보물을 찾고 있다. '목 세타 함수'라는 주제에 관한 라마누잔의 마지막 연구 중 일부는 80년도 더 지난 뒤에 블랙홀과 끈 이론 물리학에 중요하다는 사실이 드러났다. 어떤 내용과 관련해서는 학자들이 아직도 라마누잔이 결론에 도달한 과정을(아니면, 그게 옳기는 한 것인지) 이해하려고 노력하고 있다. 이 인도 천재의 유례없는 능력은 직관과 수학 자체의 본질에 관한 흥미로운 의문을 불러일으킨다. 비교적 수학에 대한 경험이 떨어지는 사람이 그렇게 심오한 발견을 어떻게 할 수 있었던 걸까? 라마누잔은 어떤 점이 특별하기에 동시대의 다른 수학자보다 수학적 통찰에 예민했던 걸까? 라마누잔의 두뇌가 우수했다는 사실에 반박하는 사람은 없다. 하디의 지도를 받으면서 급속도로 성장했다는 사실이 증명한다. 전부 순수한 통찰력 때문만은 아니었다. 하지만 어째서인지 라마누잔의 종교적 신념(공식과 수에 관한 진리가 계시로 내려온 신의 선물이었다는 믿음)이 수학적 실재에 직접 다가갈 수 있는 가능성에 눈을 뜨게 해준 것처럼 보인다.

수학과 시를 짓는 낭만주의 시인

갑자기 떠오른 영감으로 종종 시대를 앞서갔던 또 다른 수학자로는 몇몇 물리학 분야에서도 중요한 업적을 남긴 아일랜드의 윌리엄 해밀턴이 있다. 해밀턴이 발휘했던 뛰어난 통찰 중 하나는 복소수를 실수의 쌍으로 취급함으로써 그때까지 존재했던 허수(−1의 제곱근의 배수)에 관한 편견을 꺾어버린 일이었다. 6장에서 살펴보았듯이, 이 접근법을 평면에서 3차원 공간으로 확장한 해밀턴은 수 4개로 이루어진 특별한 수 표기법을 떠올렸다. 해밀턴은 이것을 '사원수'라고 불렀고, 사원수는 3차원 공간에서 회전을 설명하는 데 유용하다. 이 아이디어는 1843년 어느날 더블린의 로열 캐널을 지나는 브로엄(브룸) 다리 위에 서 있을 때 번뜩 떠올랐다.

사원수는 네 부모, 말하자면 기하학, 대수학, 형이상학, 시의 별난 자
식으로 태어났다… 내가 사원수의 성질과 목적을 가장 명확하게 설
명했던 건 존 허셜 경에게 두 줄짜리 소네트로 알려주었을 때였다.

"그러면 시간의 1차원, 공간의 3차원이
And how the One of Time, of Space the Three,
어떻게 기호의 사슬에 묶여 있을까
Might in the Chain of Symbols girdled be"

해밀턴은 스스로 시인이라고 자부하고 다니는 편이었다. 문학
에 대한 관심을 계기로 새뮤얼 테일러 콜리지Samuel Taylor Coleridge,
윌리엄 워즈워스William Wordsworth와 친구가 되었고, 그 사람들
처럼 당대의 낭만주의 스타일로 시를 썼다. 하지만 그 시인들만
큼 잘 쓰지는 못했고, 워즈워스는 격려해주고 싶으면서도 해밀
턴이 시에 너무 많은 시간을 들일까 봐 걱정스러워 해밀턴의 진
짜 재능은 과학과 수학에 있음을 부드럽게 일깨워 주었다.

해밀턴은 전형적인 괴짜였고 흔히 떠올리는 정신 나간 교수
의 표본이었다. 극도로 유쾌하고, 친절하고, 정중했지만, 약속
에는 으레 늦었고, 자신이 아무리 어려운 주제여도 평범한 청중
에게 잘 설명할 수 있다는 환상에 빠져 있었다. 사실 해밀턴은
그다지 뛰어난 강연자가 아니었다. 툭하면 주제에서 벗어나 갑
자기 머리에 떠오른 아이디어에 관해 중얼거리곤 했다. 수학과
물리학 세계를 질서정연하게 이론화하는 데는 천재였지만, 연
구에 너무 몰입한 나머지 흔히 실용적인 문제를 무시했다. 해밀

턴의 연구실은 종이가 아무렇게나 쌓이고 널려 있어 혼란했다. 그래도 해밀턴은 누군가 그 난장판을 아주 조금이라도 흩트려 놓으면 항상 알아챌 수 있었다. 말년에는 자신과 주변 환경에 관한 관심이 더욱 줄어들었다. 연구하느라 끼니를 거르기 일쑤여서 에릭 템플 벨Eric Temple Bell은 저서인 『수학자들』에 이렇게 기록했다. "건드리지 않아서 바싹 마른 저녁 식사가 그대로 남겨 있는 접시가 산처럼 쌓인 종이 무더기 속에서 수도 없이 나왔다. 커다란 가정집에서 쓰고도 남을 만한 수였다."

남긴 시를 보면 짐작할 수 있듯이 해밀턴의 본성은 도무지 어쩔 수 없는 낭만주의자였다. 여성들은 그의 점잖은 태도를 보고 해밀턴에게 호감을 느꼈고, 지적인 면에도 끌린 게 분명했다. 하지만 해밀턴의 사생활이 항상 행복하지는 않았다. 해밀턴은 1824년에 카운티 미스에 방문했을 때 만난 캐서린 디즈니Catherine Disney라는 여성과 깊은 사랑에 빠졌다. 둘은 서로 푹 빠져들었다. 하지만 해밀턴은 아직 학생이었고, 캐서린의 부모는 돈도 없고 장래도 불확실한 남자와 결혼한다는 데 반대했다. 캐서린의 부모는 유복한 법률가 집안 출신으로 더 잘 살고 나이도 캐서린보다 15살 위인 윌리엄 바로우William Barlow 목사에게 딸을 시집보냈다. 해밀턴은 절망에 빠져 잠깐 자살을 생각하기도 했다. 해밀턴의 열정을 분출할 대상이 되어 준 건 시였고, 해밀턴이 쓴 많은 시는 잃어버린 애인에 관한 것이었다.

1833년 해밀턴은 헬렌 베일리Helen Bayly와 결혼했고, 두 아들과 딸 하나를 두었다. 하지만 결코 행복한 관계는 아니었다. 헬렌은 갖가지 신경질적인 불평으로 괴로워하다가 반은 정신

윌리엄 해밀턴.

이 나가버렸고, 여전히 캐서린에게 집착하던 해밀턴은 우울증에 빠져 술을 마셨다. 시간이 지나자 캐서린은 해밀턴과 은밀하게 편지를 주고받기 시작했다. 남편이 의심하기 시작하자 캐서린은 편지에 관해 털어놓았고, 아편을 먹고 자살을 시도했다. 5년 뒤, 캐서린은 중한 병에 걸렸다. 해밀턴은 캐서린을 찾아가 자신이 쓴 『사원수에 관한 강의』를 선물했다. 두 사람은 처음이자 마지막으로 키스를 나누었고, 캐서린은 2주 뒤에 세상을 떠났다. 깊이 상심한 해밀턴은 그 뒤로도 캐서린의 사진을 가지고 다니며 들어주는 사람만 있으면 캐서린에 관해 이야기했다. 연구는 계속했고 사원수에 관한 새 책도 썼지만, 자기 관리에는 점점 더 소홀해졌다. 1865년 9월 2일 해밀턴은 진탕 먹고 마신 탓에 통풍 발작을 일으킨 뒤 세상을 떠났다.

위대한 사상가와 선각자가 으레 겪는 일이듯이, 해밀턴의 연구도 일부는 수 세대가 지난 뒤에야 그 가치를 제대로 인정받았다. 사원수는 오늘날 컴퓨터 그래픽과 로봇공학 등 공간 속의 회전과 관련이 있는 여러 기술 및 과학 분야에서 쓰이고 있다. 해밀턴의 또 다른 위대한 발견 하나는 아원자 세계를 다루는 이론에서 쓰임새를 찾았다. 해밀턴은 뉴턴의 운동 법칙을 해밀토니언이라는 개념과 관련된 새롭고 강력한 형태로 다시 기술했다. 해밀토니언은 어떤 계와 관련된 모든 입자의 운동에너지와 위치에너지의 합이다. 독일 수학자 펠릭스 클라인Felix Klein은 파동과 입자를 관련짓는 이른바 해밀턴-야코비 방정식과 함께 해밀토니언이 양자역학이라는 새로운 분야와 연관되어 있을지도 모른다고 생각했다. 오스트리아 물리학자 에르빈 슈뢰딩거Erwin Schrödinger는 클라인의 주장에 따라 그 가능성을 연구했고, 당연하게도, 해밀턴의 연구를 자신의 파동 역학 방정식의 중심에 통합할 수 있었다.

비극으로 삶을 마감한 수학자들

고급 수학은 어렵다. 어려운 것은 어쩔 수 없다. 수학에서 새로운 영역을 만들어내는 건, 특히 전에 아무도 생각하지 못했던 완전히 새로운 분야를 열어젖히는 건 훨씬 더 어렵다. 어쩌면 인간이 할 수 있는 가장 어려운 지적 활동일지도 모른다. 아무리 뛰어난 사람이라도 연구의 강도와 복잡하고 추상적인 세부 내용에 상당한 시간을 집중해야 할 필요성에 짓눌릴 수 있다. 흔히 천재와 미치광이는 종이 한 장 차이라는 말을 한다. 하지만 위대한 수학자가 언제 무너지는지, 그게 연구 주제 때문인지, 심리적 문제 때문인지, 혹은 삶의 다른 상황 때문인지는 언제나 명확하지 않다.

영국의 수학자이자 컴퓨터과학자였던 앨런 튜링Alan Turing이 말년에 연구 스트레스 때문에 정신적으로 불안정해졌다는 주장을 간혹 볼 수 있다. 하지만 튜링은 동성애자라는 이유로 동시대의 다른 동성애자처럼 끔찍한 학대를 받았다. 컴퓨터와 인공지능 분야의 선구자인데다가 나치의 암호를 해독해 제2차 세계대전의 종전을 앞당기는 데 공헌했음에도 불구하고 1952년 튜링은 '심각한 외설(동성애 행위)'로 감옥에 가거나 화학적 거세를 받아야 한다는 판결을 받았다. 튜링은 후자를 선택했다. 2년 뒤 튜링은 자신의 집에서 시안화물 중독으로 쓰러져 죽은 채 발견되었다. 하지만 스스로 목숨을 끊은 것인지(공식적인 판단은 그렇다) 실험 도중에 사고로 증기를 흡입해 중독된 것인지는 여전히 불확실하다.

비극적으로 삶을 마감한 또 다른 인물로는 오스트리아의 이론물리학자이자 수학자였던 루트비히 볼츠만Ludwig Boltzmann이 있다. 어쩌면 자신의 연구에 대한 반대 때문이었을지도 모르지만, 확실한 이유를 아는 사람은 없다. 독자적으로 개발한 미국의 윌라드 깁스Willard Gibbs와 함께 통계역학을 공동으로 창시한 볼츠만은 기분이 의기양양함과 우울함 사이를 극단적으로 오가는 성격이었다. 오늘날이었다면 아마 양극성 장애 판정을 받았을 것이다. 또, 자신의 이론에 대한 다른 이들의 반응에 극도로 예민해서 비판을 잘 받아들이지 못했던 것으로 보인다. 1894년 볼츠만은 비엔나대학교의 이론물리학과장에 임명되었고, 1년 뒤 에른스트 마흐Ernst Mach가 과학사 및 과학철학과장이 되었다. 두 사람은 과학의 기본 원리를 두고 충돌했다. 볼츠만은 물질의 행동을 원자의 끊임없는 충돌로 가장 잘 설명할 수 있다고 주장했고, 마흐는 원자가 존재한다는 사실조차 단호하게 부정했다. 이런 과학적인 견해의 차이뿐만이 아니라 두 사람은 서로 상대방의 성격을 싫어했다.

1900년 비엔나에서 겪는 불협화음에 지친 볼츠만은 라이프치히에 자리를 얻어 물리화학자 빌헬름 오스트발트William Ostwald의 동료가 되었다. 불행히도, 개인적인 이유는 아니었지만, 오스트발트는 볼츠만의 물리 이론에 더욱 공공연하게 반대하는 인물이었다. 당시는 양자 이론이 피어나고 있던 단계라 볼츠만이 외로운 싸움을 벌이거나 혹은 소수파에 속해 있었던 것도 아니었다. 오히려 그 반대였다. 오스트발트와 마흐는 물질의 원자 이론에 저항하는 단 두 명의 주요 인물이었다. 하지만 볼츠만은 예민한 성격 때문에 자신의 연구에 대한 공격에 취약했고, 우울증이 심하게 찾아온 어느 날 자살을 시도했다. 이때는 실패했지만, 1906년 9월 5일 트리에스테 인근의 두이노 만에서 여름휴가를 보내던 중 아내와 딸이 수영하는 동안 볼츠만은 목을 맸다. 자살 이유를 담은 유서는 남기지 않았지만, 쇠약해져 가는 건강, 우울증에 예민한 성향, 다른 학자들과의 철학적 견해의 차이, 혹은 위의 이유가 복합적으로 작용해 마지막 행동을 일으켰다고 추측하고 있다.

독일 수학자 게오르그 칸토어Georg Cantor 역시 자신의 견해에 대해 볼츠만보다도 더 많은 반대에 부딪혔다. 가뜩이나 자신의 경력을 규정한 '무한'이라는 주제로 인해 정신적인 압박까지 받고 있을지 모르는 상태였다. 칸토어는 베를린대학교에서 카를 바이어슈트라스Karl Weierstrass와 레오폴드 크로네커Leopold Kronecker를 비롯한 당대 최고 수준의 스승 아래서 공부했다. 훗날 칸토어의 연구는 칸토어가 무한에 관해 생각해 보도록 만들었다. 모종의 추상적인 개념으로서가 아니라 새로운 유형의 수, '초한수'로서였다. 게다가 칸토어는 무한의 크기가 서로 다를 수 있다는 사실을 깨달았다. 칸토어는 모든 실수의 집합이 모든 자연수의 집합보다 크다는 사실을 보였고, 당혹스럽게도, 짧은 선위에 있는 점의 수가 직선이나 평면, 혹은 끝없이 펼쳐지는 다차원 공간에 있는 점의 수만큼이나 많다는 사실도 보였다. 이 증명을 읽고 난 같은 독일 출신의 동료이자 친구 리하르트 데데킨트는 이렇게 말했다. "볼 수는 있는데, 믿을 수는 없다." 데데킨트, 그리고 좀 더 이후에는 스웨덴 수학자 예스타 미타그레플레르Gösta Mittag-Leffler 정도가 당시로서는 드물게 칸토어를 지지하는 학자였다. 몇몇 저명한 수학자는 무한에 관한 칸토어의 생각에 격렬하게 반발했다. 학문적인 이유만도 아니었다. 프랑스의 탁월한 수학자 앙리 푸앵카레Henri Poincaré는 미래 세대가 칸토어의 무한집합 이론을 '이제는 회복한 과거의 질병'으로 여기게 될 거라고 생각했다. 그중에서도 칸토어에게 개인적으로 가장 상처가 되었던 건 탁월한 옛 스승 크로네커의 공격이었다. 크로네커는 칸토어의 아이디어를 과할 정도로 멸시하며 연구 결과 출판을 저지했고, 명망 있는 베를린대학교에 자리를 잡고자 하는 칸토어의 야망을 막아섰다. 거기서 멈추지 않고 칸토어를 가리며 이단적인 견해를 가졌다며 '과학의 협잡꾼'이나 '젊은이를 타락시키는 자'라고 불렀다. 한편 일부 신학자는 칸토어가 무한을 쉽게 다룰 수 있는 수학 개념으로 간주한 것이 신의 무한한 힘을 인지하는 데 도전하는 행위라는 이유로 격분했다. 심지어는 범신론자로 매도하기도 했다. 독실한 루터파였던 칸토어는 이런 비난을 전적으로 부정했다. 사실 칸토어는 무한에 관한 자신의 아이디어가 실제로 신에게서 나왔다는 자세를 견지했다.

1884년, 칸토어는 39세의 나이에 앞으로 몇 차례 겪게 될 조울증을 처음으로 앓았다. 동시대인의 부정적인 반응이 원인은 아니라고 해도 그 때문에 증상은 더 심해졌다. 칸토어는 이런 일을 겪는 와중에도 연구 결과를 더 발표했지만 갈수록 다른 분야에서 사변적인 이론을 만드는 일로 떠돌았다. 무한을 향한 자신의 모험이 갖는 철학적이고 신학적인 함의에 깊게 빠져든 채 보내는 시간이 점점 늘어났다. 비정통적 이론에 관한 생각을 적은 또 다른 글에서 칸토어는 장문에 걸쳐 베이컨 이론*을 옹호했다. 또, 스승이 제자에게 아리마태아의 요셉이 예수의 아버지라고 주장하는 내용이 담긴 대화를 지어내기도 했다.

말년의 칸토어는 우울증과 싸우며 요양원을 들락거렸다. 마지막 몇 년은 빈곤과 나쁜 건강, 공허한 마음으로 괴로워했다.

....

* 흔히 셰익스피어가 썼다고 하는 희곡을 사실은 프랜시스 베이컨이 썼다는 설

그러나 다행히 살아서 자신의 업적이 인정받고 다비트 힐베르트David Hilbert와 버트런드 러셀Bertrand Russell과 같은 이들이 자신이 한 일을 칭송하는 모습을 볼 수 있었다. 칸토어가 집합론을 발전시키고 무한을 탐구한 일에 관해 힐베르트는 이렇게 생각했다. "수학 천재가 만들어낸 최고의 결과이며, 인간의 순수한 지적 활동이 이룩한 최상의 성과 중 하나다."

수학의 세계를 뒤흔든 괴짜

어떤 면에서는 가장 별나다고도 할 수 있는 또 다른 위대한 수학자의 업적에 관해서도 똑같은 말을 할 수 있다. 바로 오스트리아 출신의 미국 논리학자 쿠르트 괴델Kurt Gödel로, 1931년에 발표한 몇 가지 정리만으로 수학의 세계를 뒤흔들어 놓은 인물이다. 괴델은 실질적으로 충분히 유용할 만큼 크고 풍성한 어떤 수학의 체계 안에서도 증명하거나 반증할 수 없는 문제가 있을 수밖에 없다는 사실을 보였다. 예를 들어, 대부분의 수학자가 대부분의 시간을 보내는, 이른바 체르멜로-프렝켈 공리라는 것에 바탕을 둔 이론적인 우주에서는 어떤 규칙이나 절차의 집합으로도 풀 수 없는 문제가 항상 있다.

괴델은 언제나 다소 특이했다. 끝없는 호기심 때문에 어렸을 때부터 별명이 '왜 그래요 씨'였다. 건강이 좋았던 적은 없었고, 어린 시절에 류머티스열을 앓고 심장에 영구적인 손상을 입었다고 확신하게 된 뒤로는 더욱 좋지 않았던 것 같다. 괴델이 30세가 되었을 때 나치 동조자였던 한 학생이 괴델이 속해 있던 철학자 모임 빈Wien 학파를 만들었던 논리학자 모리츠 슐리크Moritz Schlick를 살해했다. 이 사건으로 심신의 균형이 깨진 괴델은 몇 달 동안 요양원에서 지내야 했고 갈수록 편집증이 심해졌다. 그는 자신이 독살당할 수도 있다며 끊임없이 안절부절못했다.

1940년 독일군에 징병될 위험을 피해 괴델과 아내 아델은 비엔나를 떠나 프린스턴으로 갔다. 고등연구소에서 괴델은 알베르트 아인슈타인과 친교를 맺었다. 두 사람의 지적인 유대는 매우 끈끈해서 살날을 얼마 남겨두지 않았을 때 아인슈타인은 "이제 내 연구는 별 의미가 없고, 연구소에 출근하는 건… 단지 괴델과 함께 집에 갈 수 있는 특권을 위해서"라고 말하기도 했다. 예전의 칸토어와 마찬가지로 괴델은 나이를 먹으면서 철학에 빠져 '양상 논리'의 불가해한 기호 속에서 신의 존재를 증명하는 정식 논거를 만드는 데 점점 더 많은 시간을 들였다.

괴델은 독살될지도 모른다는 병적인 두려움 때문에 식사량이 대단히 적었고, 아내가 만든 음식 말고는 입에 대지 않았다. 1977년 말 아델이 6개월 동안 병원에 입원했을 때 가뜩이나 피골이 상접했던 괴델은 굶주리기 시작했다. 마침내 영양실조에서 빠져나올 수 있었던 1978년 1월 14일에 괴델의 몸무게는 30kg에 불과했다.

존재한 적 없는 위대한 수학자

역사상 가장 기이한 수학자는 개인이 아니라 집단이다. 니콜라 부르바키Nicolas Bourbaki(나폴레옹의 군대에 있었던 샤를 부르바키

Charles Bourbaki에서 일부를 딴 이름이다)는 1930년대에 프랑스의 영민한 수학자들이 스트라스부르에서 만든 모임이었다. 은밀하게 회합을 열었던 부르바키의 목적은 한 세대의 젊은 재능을 앗아간 제1차 세계대전 이후 대학교 강의 과정과 교과서를 개정하는 것이었다. 1934년에 처음 아이디어를 낸 사람은 스트라스브루 대학교의 강사 앙드레 베유André Weil와 앙리 카르탕Henri Cartan이었다. 초기 목표는 널리 쓰이고 있지만 이제 시대에 뒤떨어진 교과서를 새로 쓰는 것이었다. 곧 이 프로젝트를 위해 10명가량의 수학자가 정기적으로 모였다. 초창기에 이들은 어떤 개인의 공헌도 표기하지 않는 공동 작업을 하기로 결정했고, 모임의 필명을 니콜라 부르바키라고 정했다.

시간이 흐르면서 부르바키 회원도 변했다. 원래 모임에 있었던 몇 사람이 탈퇴했고, 새로운 사람이 들어왔다. 나중에는 가입과 은퇴(50세까지만 가능)에 관한 정식 절차도 생겼다. 도입한 규칙과 절차 때문에 외부인에게는 종종 별나거나 심지어는 기괴해 보이기까지 했다. 예를 들어, 모임에서 작업 중인 여러 책의 초고를 검토하고 개정하는 모임을 진행하는 동안에는 누구라도 아무 때나 의견을 큰 소리로 말할 수 있었기 때문에 유명한 수학자 몇 명이 동시에 일어나 목소리를 한껏 높여서 혼자 떠드는 장면이 심심찮게 나왔다. 이런 난장판 속에서도 어떻게 해서인지 고답적이고 무미건조하다고 할 정도로 대단히 정확한 작업물이 나왔다. 부르바키는 기하학이나 그 어떤 시각화 시도와도 아무 관련을 맺지 않았으며, 이들은 수학이 과학과 거리를 두어야 한다고 생각했다. 그러나 따분하고 말이 긴 경향에도 불구하고 부르바키는 현대 수학에서 더 이상 의심의 대상이 아닌 내용을 기록한다는 목표를 달성했다.

1968년 결코 존재한 적이 없었던 가장 위대한 수학자의 부고가 떴다. 하지만 그 전에 그 '사람'은 미국 수학회에 회원으로 받아달라고 두 차례 신청서를 낸 적도 있었다. 당시 미국 수학회 회장이었던 존 클라인John Kline은 놀라지도 않았다.

정말 이 프랑스 친구들은 갈 데까지 가는구나. 니콜라 부르바키가 피와 살이 있는 사람이라는 증거를 이미 열 번은 족히 보냈으면서 말이다. 부르바키는 논문을 쓰고, 전보를 보내고, 생일도 있고, 감기도 걸리고, 인사도 한다. 그리고 이제는 우리보고 그 장난 보도에 가담해 달라고 하다니.

유머와 비극, 과실, 눈부신 재주로 어우러진 이 묘한 조합은 모든 학문 중에서도 가장 희한한 이 분야의 발전을 가져왔다. 수학은 기묘하지만, 수학에 관한 이야기는 그 비밀을 벗기는 데 한몫을 한 수많은 다채로운 인물 덕분에 더욱 매력적이다.

π

θ

φ

9장

양자의
영역에서

내 생각에는 아무도 양자역학을 이해하지 못한다고 말할 수 있을 것 같다.

- 리처드 파인만

꿍장히 작은 양자 세계의 물리학을 이해하려고 할 때 상식과 일상적인 지식은 별로 도움이 되지 않는다. 양자역학이라고 하는 물리학 분야는 심히 반직관적이다. 하지만 수학으로 완벽하게, 그리고 정확하게 설명할 수 있다. 흥미롭게도, 여기에 쓰이는 수학의 일부는 훨씬 더 오래전에, 실용적인 용도가 있으리라고는 아무도 생각하지 못했을 때 등장했다. 그건 헝가리 출신의 미국 이론물리학자 유진 위그너 Eugene Wigner가 말한 '자연 과학에서 수학의 터무니없는 효율성'의 한 사례다. 하지만 수학의 획기적인 발전에 영감을 주었으며, 몇몇 주장에 따르면, 궁극적으로 완전히 새로운 영역, 즉 양자역학의 근간을 이룰 수도 있는 분야였다.

19세기가 끝나갈 무렵 물리학이 완전한 혁명을 맞이하게 될 거라는 징조는 거의 없었다. 오히려 대부분의 과학자는 여기저기 소소하게 손을 볼 부분만 빼면 우주의 원리를 설명하는 데 필요한 이론을 모두 갖추었다고 생각했다. 뉴턴의 운동 법칙과 맥스웰의 전자기 방정식은 물질과 에너지의 행동을 설명하는 마지막 언명이었다. 기계와 기술적 혁신을 좋아했던 후기 빅토리아인에게 자연은 모두 예측할 수 있게 돌아가는 거대한 시계 장치와 같았다. 충분한 시간 동안 자세히 관찰하기만 하면 자연의 세부적인 부분에 관해 알아낼 수 없는 건 없다고 생각했다.

고전 물리학의 벽에 처음으로 금이 간 건 물리학자들이 물체가 점점 뜨거워질 때 내뿜는 방사선의 양을 설명하려고 시도하고 있던 1900년이었다. 사실 위기의 순간이 언제였는지는 상당히 정확하게 말할 수 있다. 10월 7일에 누군가가 차 한 잔을 마시며 쉴 때였다. 베를린의 집에 있던 42세의 물리학자 막스 플랑크Max Planck는 순간 영감을 받아 흑체 복사라는 개념에 관한 실험 결과와 정확하게 일치하는 공식을 떠올렸다.

흑체는 자신이 받는 모든 방사선을 흡수하는 물체다. 가시광선이든 적외선이든 자외선이든, 다른 어떤 형태의 전자기 복사도 흡수한다. 그리고 이 에너지를 주위에 다시 복사한다. 자연에는 완벽한 흑체가 존재하지 않는다. 하지만 실험실에서 속이 비어 있고 작은 구멍이 뚫린 뜨거운 용기를 이용해 흑체와 성질이 아주 비슷한 장치를 만드는 건 가능하다. 이런 장치로 실험하면 흑체에서 나오는 방사선의 양이 낮은 진동수(긴 파장)에서

막스 플랑크

는 완만하게 증가하다가 경사가 급해지면서 정점에 이른 뒤 높은 진동수(짧은 파장)에서는 다시 그보다는 좀 덜 급하게 떨어진다는 사실을 알 수 있다. 정점은 흑체의 온도가 올라갈수록 꾸준히 높은 진동수 쪽으로 움직인다. 예를 들어, 따뜻한 흑체는 (보이지 않는) 적외선 영역에서 '가장 밝게' 빛나고 가시광선 영역에서는 거의 완전히 어두워질 수 있다. 반면 수천 도나 되는 흑체는 에너지의 상당 부분을 우리가 볼 수 있는 진동수로 복사한다. 완벽한 흑체에 매우 가까운 장치로 한 실험 데이터가 그렇게 알려주고 있기 때문에 과학자는 완벽한 흑체가 어떻게 행동하는지를 알 수 있었다. 문제는 전체 진동수 범위에 대해 이 실험 결과와 일치하는 공식을 기존 물리학을 바탕으로 찾아내는 일이었다.

상황은 괜찮게 돌아가는 듯했다. 1896년 베를린 제국물리기술연구소의 빌헬름 빈 Wilhelm Wien은 그때까지 쌓인 실험 데이터에 부합하는 공식을 고안했다. 유일한 문제는 그 '빈의 법칙'에 단단한 이론적 기반이 없다는 점이었다. 단지 관측 결과에 맞게 만든 것에 불과했다. 막스 플랑크는 물리학의 한 기본 법칙인 엔트로피, 즉, 어떤 계가 무질서한 정도와 관련된 열역학 제2법칙으로부터 공식을 유도하는 일에 착수했다. 1899년 플랑크는 성공했다고 생각했다. 흑체 표면에 작은 안테나와 같은 수많은 작은 진동자가 있어 흑체 복사를 일으킨다고 가정한 플랑크는 빈의 법칙이 나오게 된 이런 진동자의 엔트로피에 대한 수학적 표현을 찾아냈다.

하지만 곧 재앙이 찾아왔다. 정확히 말해, 고전 물리학이라는 위대한 체계에 찾아온 재앙이었다. 제국물리기술연구소에 있던 빈의 몇몇 동료, 오토 룸머 Otto Lummer와 에른스트 프링스하임 Ernst Pringsheim, 페르디난트 쿠를바움 Ferdinand Kurlbaum, 하인리히 루벤스 Heinrich Rubens가 진행한 일련의 세심한 실험이 그 공식의 근간을 흔들었다. 1900년 가을이 되자 빈의 법칙이 낮은 진동수에서, 즉 원적외선(뜨거운 파장보다 파장이 더 긴) 너머에서 깨진다는 사실이 분명해졌다. 운명의 10월 7일 오후, 루벤스는 아내와 함께 플랑크의 집을 방문했고, 불가피하게 최근 실험 결과에 대한 이야기가 나왔다. 루벤스는 플랑크에게 빈의 법칙에 관한 나쁜 소식을 전했다.

손님이 떠난 뒤 플랑크는 어디에 문제가 있는 건지 생각하기 시작했다. 플랑크는 빈의 법칙이 스펙트럼의 고진동수 영역에서는 제대로 적용되는 듯하다는 사실로 미루어 보아 공식이 그 영역에서 수학적으로 어떤 모습이어야 할지는 알 수 있었다. 그리고 새로운 실험 결과를 토대로 흑체가 저진동수 영역에서 어떻게 행동해야 하는지도 알 수 있었다. 그래서 플랑크는 이런 관계를 가능한 한 가장 간단한 방법으로 합쳐보았다. 그냥 추측에 불과했다. 플랑크의 표현대로라면 '운 좋은 직관'이었다. 하지만 그게 더할 나위 없이 정확하다는 사실이 드러났다. 저녁 식사 시간이 되기도 전에 흑체 복사 에너지와 진동수의 관계를 알려주는 공식이 손에 들어왔다. 플랑크는 그날 저녁 루벤스에게 엽서로 소식을 전했고, 10월 19일 독일 물리학회 모임에서 공식을 세상에 발표했다.

플랑크 상수의 발견

그건 곧바로 중대한 발전이라고 칭송받았다. 하지만 성격이 체계적이고 과학에 엄격했던 플랑크는 단순히 올바른 방정식을 만들었다는 데 만족하지 않았다. 그 공식의 바탕에는 단순히 어떤 영감을 받은 추측 이상이 있다는 사실을 알고 있었다. 빈의 법칙을 가지고 그랬던 것처럼 반드시 논리적이고 체계적으로 처음부터 끝까지 알아내야만 했다. 플랑크가 회고한 "내 인생에서 가장 정력적으로 연구했던 몇 주"는 그렇게 시작되었다.

목표를 달성하기 위해 플랑크는 일정한 양의 에너지가 흑체 진동자 집합 전체에 퍼질 수 있는 수많은 방법을 모두 합칠 수 있어야 했다. 플랑크가 훌륭한 통찰력을 발휘한 게 바로 이때였다. 플랑크는 스스로 '에너지 요소'라고 부른 개념을 도입했다. 에너지 요소란 공식이 작동할 수 있도록 흑체의 총 에너지를 잘게 나눈 소량의 에너지를 말한다. 1900년 말이 되자 플랑크는 에너지가 연속적으로가 아니라 더 나눌 수 있을 정도로 작은 덩어리 단위로 전달된다는 비범한 가정 하에 완전히 새로운 복사 법칙을 만들었다. 12월 14일 독일 물리학회에 보낸 논문에서 플랑크는 에너지가 "전적으로 알아낼 수 있는 유한한 개수의 부분들로 이루어졌다"고 이야기하며, 6.7×10^{-27}erg · s라는 환상적으로 작은 값인 새로운 자연상수 h를 소개했다. '플랑크 상수'로 불리는 이 상수는 특정 에너지 요소의 크기와 그 요소와 연관된 진동자의 진동수를 이어준다.

비록 누구도 그 사실을 곧바로 알아차리지는 못했지만, 물리학에 새롭고 특별한 일이 일어났던 것이다. 사상 처음으로 누군가 에너지가 연속적이지 않다는 실마리를 제시했다. 그때까지 모든 과학자가 별생각 없이 가정하고 있었던 것과 달리 에너지는 임의로 조금씩 교환할 수 없었다. 에너지는 나눌 수 없는 조각으로 이루어져 있었다. 플랑크는 물질과 마찬가지로 에너지도 무한히 잘게 나눌 수 없다는 사실을 보였다. 에너지는 언제나 작은 입자, 즉 양자 단위로 오갔다. 결코 이단자나 인습타파주의자가 아니었던 플랑크는 그렇게 자연을 바라보는 우리의 관점을 바꾸기 시작했다.

여러분은 그런 발견이라면 곧바로 물리학계에 충격을 일으켰을 거라고 생각할지 모른다. 하지만 아니었다. 1900년에는 원자의 존재조차 받아들이지 않은 물리학자도 있었다! 원자를 받아들인 대다수에게도 원자 내의 전자 분포나 화학 원소들의 스펙트럼이 서로 다른 이유처럼 아직 답을 모르는 문제가 많았다. 비록 플랑크의 아이디어가 하룻밤에 혁명을 촉발한 것은 아니었지만, 점차 이른바 전기 前期 양자론*을 따르는 추종자는 점점 늘었다. 전기양자론은 단순히 특정 값의 에너지(그리고 몇몇 다른 물리적인 양)만이 가능하다는 사실을 고전물리학에 추가한 형태였다.

원자 구조의 발견

1911년에는 뉴질랜드에서 물리학자 어니스트 러더퍼드 Ernest Rutherford 가 원자의 구조를 밝혀 충격을 주었다. 몇 년 전 러더퍼드의 맨체스터대학교 두 동료 한스 가이거 Hans Geiger 와 어니스트 마즈든 Ernest Marsden 은 알파 입자를 얇은 금박에 쏘는 실험을 진행했고, 몇몇 알파 입자가 거의 들어간 방향 그대로 튀어나온다는 사실을 발견하고 깜짝 놀랐다. 러더퍼드는 그게 "마치 15인치짜리 포탄을 휴지에 발사했는데, 튕겨 나와서 당신을 맞춘 것과 같다"라고 말했다. 러더퍼드의 결론은 이랬다. 원자의 질량은 원자가 축구장이라고 봤을 때 그 한가운데에 있는 공깃돌만 한 작은 핵에 모여 있다. 훨씬 더 가벼운 전자는 핵에서 한참 멀리 떨어져 있다고 추측했다. 행성과 사람, 피아노 등 모든 것을 이루는 원자의 거의 전체가 텅 비어 있다는 사실에 모두가

....

* 양자역학이 등장하기 이전의 과도기적인 이론 - 역자

러더포드의 원자 모델. +가 양성자(핵), -가 전자를 나타낸다.

놀라지 않을 수 없었다.

러더퍼드는 핵이 태양 위치에 있고 전자가 행성처럼 그 주위를 도는 작은 태양계와 같은 원자의 모습을 그렸다. 하지만 이 모형에는 명백하게 틀린 게 있었다. 고전물리학에서 가속하는 전하는 에너지를 복사한다. 곡선으로 움직이는 물체는 끊임없이 방향을 바꾸고 있으므로 가속하고 있다. 만약 전하가 음인 전자가 핵 주위를 돌고 있다면, 어째서 금세 에너지를 복사한 뒤 나선을 그리며 핵에 충돌하지 않는 걸까? 만약 러더퍼드의 모형이 옳다면, 게다가 전자가 고전 전자기학의 명령을 따른다면, 우주의 모든 원자는 순식간에 붕괴해야 하지 않을까? 우리가 아직 살아있는 것으로 보아 뭔가 빠진 게 분명했다.

알베르트 아인슈타인과 대화 중인 닐스 보어

양자역학의 태동

1913년, 역시 맨체스터의 러더퍼드 연구실에서 일했던 덴마크 물리학자 닐스 보어Niels Bohr는 에너지 양자화에 관한 플랑크의 아이디어를 원자 연구에 가져왔다. 보어는 전자가 어떤 원자 내에서 잘 정의된 특정 에너지 상태에서만 존재할 수 있다고 주장했다. 이런 상태에 놓여있는 한 전자는 에너지를 복사하지 않았다. 어떤 에너지 준위에서 다른 에너지 준위로 옮겨갈 때만 광자(빛의 입자)를 방출하거나 흡수함으로써 특정량의 에너지를 얻거나 잃었다. 보어는 수소 원자에 있을 수 있는 에너지 준위 사이를 오가는 전자의 전이 때 방출하거나 흡수하는 광자가 수소 스펙트럼에서 보이는 특징적인 선을 만든다는 사실을 보일 수 있었다. 수소 원자에 관한 보어의 이론은 전기양자론의 끝과 양자역학으로 불리게 된 학문의 시작을 알렸다.

제1차 세계대전은 진전을 늦추었고, 수백만 명의 희생자 속에는 유망한 젊은 수학자와 물리학자도 많았다. 하지만 그 뒤로 코펜하겐의 닐스 보어 이론물리연구소와 독일 북부의 괴팅겐대학교를 중심으로 금세 커다란 발전이 이루어졌다. 1923년 초에 물리학자들은 이미 아직 설명하지 못하고 있던 현상, 예를 들어 수소 원자의 스펙트럼이나 자기장 안에서 스펙트럼이 갈라지는 현상에 관한 새로운 데이터를 방대하게 축적해 놓았다. 괴팅겐의 핵심 인물은 경험이 풍부한 물리학 교수 막스 보른Max Born과 젊은 베르너 하이젠베르크Werner Heisenberg였다. 보른의 말을 빌자면, 두 사람은 모두 "실험 결과에서 미지의 원자 역학을 뽑아내려는 시도에 참여했다." 보른과 하이젠베르크는 함께 에너지와 위치, 속도와 같은 물리적 양을 해석하는 데 있어 새롭고 급진적인 계획을 연구했다. 두 사람의 아이디어를 결합한 커다란 깨달음의 순간은 1925년 봄 하이젠베르크가 병으로 북해의 헬골란트 섬에서 요양하고 있을 때 다가왔다. 훗날 하이젠베르크는 이런 글을 남겼다.

나는 더 이상 내 계산이 가리키고 있는 양자역학의 수학적 일관성과 통일성을 의심할 수 없었다. 처음에 나는 대단히 놀랐다. 나는 원자 현상이라는 표면을 통해 기이할 정도로 아름다운 내부를 들여다보고 있는 느낌을 받았다. 그리고 자연이 매우 관대하게도 내 앞에 펼쳐 놓아준 이 풍부한 수학적 구조를 탐구해야 한다는 생각에 거의 현기증이 일었다.

그해 여름이 끝날 무렵 하이젠베르크와 보른, 그리고 하이젠베르크의 괴팅겐대학교 동료인 파스쿠알 요르단Pascual Jordan은 완전하고 안정적인 양자역학 이론 개발을 마쳤다. '행렬 역학'이라 불리는 그 이론은 너무나도 수학적이라 제대로 이해할 수 있는 물리학자가 많지 않았다. 하이젠베르크의 학부생 시절 친구인 볼프강 파울리Wolfgang Pauli는 "괴팅겐발 형식적인 학문의 홍수"라고 비판했다. 하지만 곧 그 이론의 정당함이 드러났다.

코펜하겐과 괴팅겐에서 이루어진 발전과 나란히 프랑스 물리학자 루이 드 브로이Louis de Broglie는 1922년 빛이 파동 또는 입자처럼 행동할 수 있지만 둘의 특성을 동시에 보일 수는 없다는 내용을 담은 논문을 발표했다. 보통은 파동 형태인 빛이 입자 형태를 취할 수 있다면, 전자와 같은 작은 입자 역시 그와 관련된 파동의 특성을 보일 수 있다는 주장이었다. 이 '파동-입자 이중성' 개념을 파동역학이라 불리는 엄밀한 이론으로 발전시킨 건 오스트리아 물리학자 에르빈 슈뢰딩거였다. 플랑크가 양자 가설로 물리학을 새로운 경로에 올려놓은 지 고작 사반세기 만에 경쟁 구도를 이루는 듯한 두 가지 양자역학 이론이 나타났다. 잠시 어느 쪽이 옳은지를 두고 격렬한 논쟁이 일었다. 슈뢰딩거는 행렬역학에 "거부감까지 느끼는 건 아니어도 찬동할 수 없다"고 말했다. 한편, 하이젠베르크는 파울리에게 보낸 편지에 이렇게 썼다. "슈뢰딩거 이론의 물리학적 부분에 관해 생각할수록 더 혐오감이 느껴진다네. 슈뢰딩거가 시각화에 관해 쓴 글은 어떻게 봐도 말이 안 돼." 하지만 상황은 곧 정리가 되었다. 1926년 슈뢰딩거 자신과 미국 물리학자 칼 에커트Carl Eckart

는 각각 독자적으로 양자역학의 두 공식, 파동역학과 행렬역학이 겉으로는 큰 차이를 보이는 것과 달리 완전히 동일하다는 사실을 증명했다. 그 뒤로 폴 디랙(특수상대성이론과 양자역학을 통합하고 반물질의 존재를 예측했다)과 리처드 파인만(입자의 행동에 관한 '역사총합' 해석으로 유명하다)과 같은 과학자 덕분에 아원자 세계의 수학에는 많은 발전이 있었다.

하이젠베르크의 불확정성 원리

이 기이한 양자 세계가 얼마나 극도로 이질적인지를 무엇보다 잘 보여주는 결정적인 이론은 하이젠베르크의 불확정성 원리였다. 이 원리는 입자와 관련된 특정한 한 쌍의 물리량, 특히 위치와 운동량, 시간과 에너지를 동시에 정확하게 알아대는 데는 한계가 있다는 사실을 보여준다. 각각의 경우에 불확정성의 곱은 $h/2\pi$보다 커야 한다. 여기서 h는 플랑크 상수다. 이게 함축하는 바는 심오하다. 자연은 우리가 입자의 상태에 대해 얼마나 많이 알 수 있는지에 근본적인 제한을 걸어놓은 것이다. 예를 들어, 전자의 위치를 더욱 정확히 측정하려 하면 전자의 운동량은 더욱 불확실해진다. 이건 장비나 기술의 정확도와 상관이 없다. 불확정성 원리는 우리 몸 자체를 이루고 있는 물질을 포함해 우리 주위의 모든 것에 내재한 모호성에서 나오는 것이다. 큰 규모에서 보면 사물이 선명하고 뚜렷해 보인다. 하지만 이 세상의 지하로 내려가면 실재성은 흩어져 버리고, 우리에게 남는 건 수학의 관점에서 본 사건의 확률적 설명뿐이다.

양자 세계만큼 물리적 현실과 그 수학적 기반의 상호작용을 더욱 날카롭게 볼 수 있는 곳은 없다. 아주 작은 규모로 가면 물질은 그 실체를 잃는 것처럼 보인다. 전자 같은 입자는 파동으로, 심지어 물리적인 파동도 아니고 확률 파동으로 흐릿하게 변해버린다. 그러면 이런 질문에 의미가 생긴다. 양자 수준에서 관측되기 전까지나, 혹은 관측되지 않는 한에서는 어느 정도까지 물질이 물리적으로 존재하는 걸까? 파이(π)처럼 측정이나 의식적인 개입의 결과로 드러나기 전까지는 모종의 추상적이고 관념적인 상태로만, 그러니 가능성의 영역에서만, 존재하는 걸까? 우리가 절대 직접 경험할 수 없는 아주 작은 규모의 영역에서는 수학의 안내를 받을 수밖에 없다. 게다가 수학은 정확하다. 물질과 에너지의 행동을 좌우하는 방정식은 아주 구체적이다. 반면 물질과 에너지 자체의 성질은 불확실하고 파악하기 어렵다.

양자수학의 등장

과거와 지금을 막론하고 많은 수학자와 과학자는 자연 세계를 설명하는 수학의 효율성과 물리 현상의 바탕에 깔린 방정식의 아름다움에 관해 이야기해왔다. 특히 양자역학에 쓰이는 수학의 경우 어떤 일이 일어날 확률을 예측하는 정확성의 수준이 대단히 높다. 과학의 모든 분야를 통틀어 가장 정확한 수준의 예측과 검증이 이루어지는 분야다. 때로는 그 수치가 소수 12자리까지 내려가기도 하는데, 이는 지구와 달의 거리를 머리카락 굵기 이내의 오차로 측정하는 수준이다.

마치 점점 더 작은 규모로 내려갈수록 수학과 실재성의 역할이 뒤바뀌는 것 같다. 우리가 사는 일상 세계에서 우리는 단단한 물체를 보고 느낀다. 원하는 만큼의 정확도로 측정할 수 있는 물리적 상태와 조건이 있는 실체를 인식할 수 있다. 물론 거기에도 언제나 바탕에는 수학이 있지만, 보이지 않는 기반으로서 행성의 움직임, 새의 활공, 돌의 낙하를 좌우할 뿐이다. 그러나 원자와 아원자 수준에서 물질의 입자를 고려하게 되면 수학과 물질이 자리를 바꾸는 것처럼 보인다. 입자는 단순한 확률파동으로 흩어지고, 상식이 무너지고 현실에 대한 우리의 이해를 의심하게 되는 영역에서 일어나는 기괴한 일들을 세밀하게 관장하는 방정식만이 유일하게 확실해진다.

양자 영역의 규칙이 완전히 딴판인데다가 예측과 다르기 때문에 수학자는 거기서 흥미로운 기회를 엿본다. 양자역학은 새로운 수학을 개발하는 데 풍부한 배경을 제공한다. 그 희한하고 독특한 논리 구조를 완전히 이해할 수만 있다면, 수학의 새로운 분야를 만드는 근간이 될 수 있지 않을까? 프린스턴 고등연구소 소장인 네덜란드 수리물리학자 로버트 데이크흐라프 Robbert Dijkgraaf는 '양자수학'이 양자역학에서 가장 흥미로운 측면이 만들어낸 궁극적인 결과물일지도 모른다고 생각한다. 움직이는 물체가 정해진 경로를 따르는 고전 물리학과 달리 양자역학에서는 어느 한 점에서 다른 점으로 이동할 때 마치 가능한 모든 경로를 동시에 살펴보는 듯한 양상을 보인다. 이 기묘하게 펼쳐지는 양상을 수학적으로 설명하자면, 입자가 따라갈 수 있는 경로 하나마다 확률이 있고 그 모든 가능성을 모두 더한 확률 분포가 있다. 가장 가능성이 큰(반드시 선택받는 경로는 아니지만) 경로가 고전, 즉 뉴턴 물리학에서 나오는 답이다. 데이크흐라프는 '역사총합sum-over-histories' 접근법이 범주론이라고 하는 현대 수학의 한 분야와 공통점이 많다고 지적했다. 수학에서 말하는 범주는 공통적인 대수적 특성에 따라 서로 연관된 대상의 집합이다. 여기에는 원소들의 집합과 환, 그리고, 좀 더 생소하겠지만, 앙상블ensemble 등이 있다. 이들의 관계는 모두 화살표로 나타낼 수 있다. 범주론과 양자역학의 역사총합 모형이 지닌 공통점은 물질을 개별적인 것(원소나 입자)으로가 아니라 가능한 것의 총체로 보는 전체론적인, 넓게 조망하는 관점이다.

물리학이 수학에 알려준 것

'수학이 물리학에'가 아니라 거꾸로 '물리학이 수학에' 뭔가 알려줄 수 있다는 놀라운 사례로 칼라비-야우 공간이라고 하는 난해한 기하학적 대상이 있다. 머릿속으로 상상하려 들지 마시길. 이건 6차원 공간에 존재하며, 아인슈타인의 일반 상대성이론(현재 우리가 가진 최고의 중력 이론) 방정식의 해답으로 나타난다. 또, 입자물리학의 중요한 미해결 문제에 도전하려는 시도인 '끈 이론'의 중심에 있다. 끈 이론은 우리 주변의 공간 차원이 우리에게 익숙한 3차원보다 크다고 가정해야 적용할 수 있다. 칼라비-야우 공간은 끈 이론에서 요구하는, 우리의 감지 능력을 한참 벗어날 만큼 너무 작은 여분의 차원을 둘둘 말 수 있는 편리한 방법을 제공한다.

수학자는 칼라비–야우 공간을 분류할 수 있다. 간단히 말해, 그 주위에 얼마나 많은 곡선을 감을 수 있는지를 보면 된다. 원통을 고무줄로 감는 것과 같다. 하지만 이 곡선의 수를 알아내는 건 대단히 어렵다. '5차'로 불리는 가장 간단한 칼라비–야우 공간의 경우 그 공간에 맞는 1차 곡선(직선)의 수는 2,875개였다. 독일 수학자 헤르만 슈베르트 Hermann Schubert 가 1870년대에 이 사실을 알아냈지만, 상응하는 2차 곡선의 수(609,250개였다)를 알아내는 데는 한 세기가량이 더 걸렸다. 이후 일군의 끈 이론가가 수학자 동료들에게 3차 곡선의 수를 알아내 달라고 요청했다. 물리학자들은 순수한 기하학이 아닌 역사총합 기법을 이용해 3차 곡선만이 아닌 모든 차수의 곡선 수를 스스로

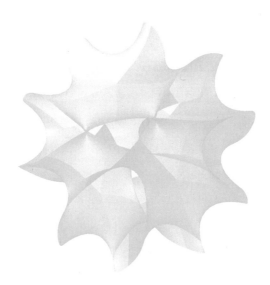

끈 이론에서 이 도형은 칼라비-아우 5차라고 불린다. 10차원 끈 이론에서 구부러진 채 숨어 있는 6차원 공간의 후보다.

계산해냈다. 로버트 데이크흐라프가 지적했듯이, "끈이 동시에 가능한 모든 차수의 가능한 모든 곡선을 조사한다고 생각할 수 있으므로 끈은 초고효율의 '양자 계산기'다." 영국의 물리학자 겸 수학자인 필립 칸델라스Philip Candelas가 이끈 끈 이론가들은 3차 곡선의 수로 317,206,375개라는 수치를 내놓았다. 이건 기하학자들이 복잡한 컴퓨터 프로그램을 돌려서 얻은 답과 완전히 달랐다. 스스로 고안해 낸 일반 공식을 너무 확신했던 끈 이론가들은 수학자들의 프로그램에 오류가 있었다고 추측했다. 아니나 다를까 확인 결과 기하학자들이 실수를 저지른 사실이 드러났다.

물리학자가 수학자에게 그쪽 합계가 틀렸다고 말하는 경우는 사실상 과학계에서는 일어나기 어려운 일이다. 거의 언제나 그 반대다. 보통은 물리학이 수학에게 뭔가 배운다. 이 놀라운 반전은 양자역학의 한 특정 분야인 끈 이론이라는 새로운 물리학이 이전까지 모르고 있던 과학의 영역뿐만 아니라 수학의 미탐사 영역에도 빛을 비추어 줄지도 모른다는 잠재력을 드러내 보였다.

양자역학과 게임 이론의 관계

양자역학의 가장 근본적인 공식인 슈뢰딩거 방정식이 게임 이론에 대단히 유용하다는 사실이 드러나는 놀라운 전개도 있었다. 게임 이론은 참가자가 생존율을 높이거나 더 많은 수익을 거두거나 어떤 게임에서 이긴다는 등의 목표를 달성하기 위해 전략을 선택하는 방법을 다루는 수학 분야다. 참가자가 많을 때면 수학자는 흔히 '평균 장'이라는 이론을 가지고 게임 시나리오를 모형화한다. 사실상 모든 참가자를 집단으로 간주하고 이들의 통합 행동을 평균 내어 최적에 도달하는 방법이다. 최근 게임 이론 연구자들은 양자물리학자가 한동안 슈뢰딩거 방정식을 써왔던 것과 거의 똑같은 방법으로 평균 장 방법을 쓸 수 있다는 사실을 알아냈다.

파리-사클레대학교의 이고르 스비에치츠키Igor Swiecicki와 동료들은 떼를 지어 행동하는 물고기의 사례를 이용해 특정 유형의 평균 장 게임을 연구하고 있었다. 물고기 수백, 수천 마리가 모인 무리에서는 각 개체가 어떻게 움직이는지 설명하기가 불가능하다. 이 문제를 해결하는 한 가지 방법은 물고기 떼를 서로 다른 구역으로 나누고 각 구역의 평균 물고기 밀도에 바탕을 둔 수치 시뮬레이션을 이용하는 것이다. 하지만 이 방법으로는 물고기의 행동을 유발하는 근본 원리를 설명할 수 없다. 그보다좀 더 통찰력을 발휘할 수 있는 접근법은 각각의 물고기가 비용 함수를 최소화하는 방식으로 헤엄친다고 가정하는 것이다. 이 함수는, 예를 들어, 물고기가 사용하는 에너지와 무리 속에서 포식자를 혼란에 빠뜨리기 위해 헤엄쳐서 얻는 생존의 유리함을 고려한다. 여기서 유도한 평균 장 게임 방정식은 슈뢰딩거 방정식과 매우 흡사했고, 풀어보니 수치 시뮬레이션으로 얻은 결과와 잘 맞아떨어졌다.

양자물리학은 앞으로 수학의 여러 분야에 빛을 비추어 줄지도 모른다. 하지만 수학 전체를 지배하는 것과 똑같은 원리에 제약을 받고 있기도 하다. 1930년대에 오스트리아 출신의 논리학자 쿠르트 괴델은 불완전성 정리를 발견해 수학 세계를 뒤흔들었다. 이 정리에 따르면, 수학의 어떤 체계 안에도 참임을 증명할 수 없는 명제가 언제나 있다. 그러나 물리학자가 불완전성 정리가 과학에서 효과를 발휘하는 사례를 찾아낸 건 2015년이 되어서였다.

한 국제연구진이 반도체 소재의 온도를 낮출 때 초전도 현상이 일어나는지, 언제 일어나는지를 조사하는 중이었다. 핵심은 물질 속의 전자가 낮은 에너지 상태에서 높은 에너지 상태로 전이할 때 필요한 에너지의 양이었다. 만약 이 스펙트럼 간극이 좁아진다면, 그 물질은 갑자기 완전히 다른 상태가 되어 초전도 현상을 일으킨다. 하지만 양자역학적으로 그 물질을 완전히 설명하는 내용을 포함하고 있는 정교한 수학을 적용한 연구진은 알아낸 사실에 충격을 받았다. 그 스펙트럼 간극이 존재하는지 아닌지를 결정하는 것 자체가 불가능했다. 이는 어떤 물질의 미시적인 특성을 완전히 알고 있다고 해도 더 큰 규모에서 어떻게 행동할지 예측하는 데는 부족하다는 점을 보여주고 있어 중대한 의미가 있는 결과였다.

이 발견은 입자물리학의 발전에 제약을 걸지도 모른다. 수학과 물리학 양쪽에서 가장 중요한 미해결 문제 하나가 '양-밀스 질량 간극 가설Yang - Mills existence and mass gap'이다. 이 가설은 물질의 근본 입자를 설명하는 표준 모형 자체에 스펙트럼 간극이 있는지와 관련이 있다. 거대한 가속기로 수행한 실험과 슈퍼컴퓨터를 이용한 오랜 계산에 따르면 그럴 가능성이 있다. 클레이 수학연구소는 질량 간극 가설을 100만 달러의 상금이 걸린 밀레니엄 문제 일곱 가지 중의 하나로 선정했다. 표준 모형의 방정식을 바탕으로 처음 증명한 사실이 확인되면 상금을 받게 된다. 일반적인 스펙트럼 간극의 결정 불가능성이 특수한 경우를 해결하는 데 걸림돌이 되는지는 앞으로 두고 보아야 한다. 하지만 좋은 소식도 있다. 결정 불가능성이 나타나는 이유 중 하나는 양자 수준에서 물질을 나타내는 데 사용하는 모형의 기묘한 행동이다. 하지만 이 행동은, 비록 분석은 불가능해도, 모종의 기괴하고 매혹적인 물리학이 발견되기를 기다리고 있다는 사실을 암시한다. 예를 들어, 어떤 환경에서는 입자 단 한 개만 추가해도 물질 전체의 특성이 달라질 수 있다. 잠재적으로 기술 발전에 폭발적인 의미를 지닐 수 있는 일이다.

10장

방울, 방울방울, 방울 문제

만약 세상에 비눗방울이 단 한 개밖에 없다면, 그걸 사는 데 얼마나 들
지 궁금하다.

- 마크 트웨인

1825년 이후 런던의 왕립연구소는 매년(1939~1942년의 전쟁 기간을 빼고) 어린이를 대상으로 흥미로운 과학을 주제로 크리스마스 강연 시리즈를 개최한다. 1890년에는 찰스 보이즈Charles Boys가 비눗방울에 관해 강연했다. 도입부에서 보이즈는 이렇게 말했다. "여러분 중에 비눗방울에 질린 사람이 아직은 없기를 바랍니다. 제가 이번 주에 우리가 볼 수 있기를 바라는 것처럼 평범한 비눗방울 안에는 비눗방울을 가지고 놀았던 사람들이 상상하는 것보다 더 많은 게 들어있기 때문입니다."

　　비눗방울은 아이들 놀이지만, 누구나 좋아한다. 비눗방울이 예측할 수 없게 떠다니고, 바람을 타고 솟아오르며, 천천히 떨어지다가 터져 버리는 모습을 지켜보고 있으면 즐겁다. 알록달

록하게 변하는 색깔은 아름다움을 더한다. 그리고 서로 달라붙을 때의 모양도 매혹적이다. 우리는 어린 시절부터 비눗방울이 하나일 때 혹은 여러 개가 모여 있을 때의 모습이 어떤지 알고 있다. 데이비드의 네 살짜리 손자는 비눗방울 두 개가 합쳐질 때 어떤 모양이 되는지를 쉽게 볼 수 있다. 대수로울 게 없어 보인다. 그러나 우리가 여러 번이나 본 일임에도 불구하고 비눗방울 두 개가 붙어서 생기는 도형에 관한 문제는 오랫동안 수학자를 곤혹스럽게 만들었다. 이중 비눗방울 추측으로 발전한 이 문제는 2002년이 되어서야 마침내 증명이 나왔다. 비눗방울과 비누막에 관한 여러 문제는 오늘날까지도 여전히 미해결 상태다.

비눗방울의 모양 이해하기

평범한 비눗방울은 공기를 둘러싸고 있는 비누막에 불과하다. 비누 분자 두 층이 막의 안쪽과 바깥쪽 표면을 이루고, 그 둘 사이에 물로 된 얇은 층이 있다. 비눗방울은 터지기 전까지 기밀氣密이다. 공기가 들어가거나 나올 수 없다는 뜻이다. 일부러 터뜨리거나 뭔가 닿아 막이 깨지지 않는다고 해도 비누 분자 사이의 물이 증발하면서 언젠가는 저절로 터진다. 추운 겨울에 불면 증발이 더 천천히 일어나 더 오래 가곤 한다. 비눗방울이 얼 수도 있다.

비눗방울의 모양을 이해하는 데 핵심적인 요소는 표면장력이다. 탄성이 있는 피부와 같은 표면에 작용하는 힘을 말한다. 표면장력은 액체 분자 사이의 응집력(끌어당기는 힘) 때문에 생긴

더 기묘한 수학책

다. 액체 안에 들어있는 분자는 이웃 분자들로부터 모든 방향으로 똑같이 끌어당기는 힘을 받는다. 그래서 어느 한쪽으로 치우치지 않는다. 하지만 표면에 있는 분자는 옆과 아래 방향으로만 끌어당기는 힘을 받는다. 그 결과 표면에 마치 피부가 있는 것처럼 보인다. 실제로는 표면에 완전히 잠겨 있는 물체를 움직이게 하는 것보다 물체의 표면을 뚫고 들어가는 것을 더 어렵게 만드는 것이 표면장력이라고 설명하는 게 좀 더 정확하다. 하지만 대체로 실제 피부를 연상하면 그럭저럭 맞다.

물만으로 비눗방울을 불 수 없는 이유가 물의 표면장력이 충분하지 않기 때문이며, 비눗물로 비눗방울을 불 수 있는 것은 비누가 표면장력을 늘려주기 때문이라는 건 보편적인 오해다. 사실은 그 반대다. 비누를 첨가하면 표면장력은 줄어든다. 물로 만든 방울이 생기자마자 터지는 데는 몇 가지 이유가 있다. 표면장력이 너무 커서 스스로 찢어져 버린다. 그리고 증발이 일어나 너무 빨리 막이 얇아져서 터진다. 비누 분자는 탄소와 수소 원자로 이루어진 긴 소수성(물을 싫어하는) 꼬리와 산소와 소듐으로 이루어진 친수성(물을 좋아하는) 머리로 이루어져 있기 때문에 비눗방울이 생기는 데 도움이 된다. 비눗물이 있을 때 비누 분자의 소수성 꼬리는 가능한 한 물에서 멀어져 비눗방울의 안쪽 혹은 바깥쪽 표면에 모인다. 한편, 친수성 머리는 비누 분자 두 층 사이에 끼어 있는 물을 향한다. 그러면 물 분자가 서로 멀어지면서 그 사이의 인력이 줄어든다. 그 결과 표면장력은 줄어든다. 게다가 물은 비누막에 덮여 있기 때문에 더 천천히 증발한다.

비눗방울은 공중에 뜬 상태로 보통 10~20초 있다가 터진다. 하지만 수증기로 포화된 공기가 담긴 밀봉 용기에 넣어서 증발 속도를 크게 줄이면 수명이 훨씬 더 길어질 수 있다. 1920년대 인디애나주 허핑턴의 물리 교사였던 에펠 플래스터러Eiffel Plasterer는 비눗방울에 푹 빠져서 비눗방울을 만들어 보이는 쇼와 시연으로 유명해졌다. 플래스터러는 데이비드 레터맨David Letterman의 〈레이트 나이트 쇼〉에 출연해 레터맨을 완전히 비눗방울로 감싸는 모습을 보여주기도 했다. 가장 오래 버틴 비눗방울로 세계 기록을 갖고 있기도 한데, 밀폐 용기에 한 번 불어서 만든 비눗방울이 1년에서 고작 24일 모자란 시간 동안 버텼다!

'비눗방울학'은 열광적인 팬과 끊임없이 서로 더 잘하려고 경쟁하는 대가들의 관심 이상으로 더 많은 관심을 받는다. 체코의 마테이 코데시Matej Kodes는 현재 한 비눗방울 안에 가장 많은 사람을 집어넣는 기록에서 선두에 올라 있다. 놀랍게도 275명이다. 2010년에는 길이가 6m인 트럭을 비눗방울로 둘러싸기도 했다. 캐나다의 팬 양Fan Yang은 러시아의 마트료시카 인형처럼 겹겹이 쌓인 12겹의 비눗방울을 부는 것으로 유명하다. 영국의 샘 샘 더 버블맨(샘 히스)은 세 가지 기록을 자랑한다. 비눗방울이 가장 많이 튕긴 횟수(38번), 비눗방울을 이어 만든 가장 긴 체인(26개), 그리고 가장 큰 얼음 비눗방울로, 부피가 4,315cm³다. 자유롭게 떠다니는 가장 큰 비눗방울을 만든 영광은 2015년에 부피가 96.2m³인 괴물을 만든 미국의 게리 펄먼Gary Pearlman이 갖고 있다.

거대한 비눗방울.

　물론 거대한 비눗방울은 수전증이 있는 웨이터가 든 쟁반 위에 놓인 젤리 아랫부분처럼 사방이 흔들린다. 그러나 작은 비눗방울은 일정한 모양, 다들 알다시피 구 형태를 유지한다. 같은 부피의 공간을 가둘 때 구보다 표면적인 작은 도형은 없다. 부피가 10cm³인 구의 표면적은 48.4cm²다. 부피가 똑같이 10cm³인 다섯 플라톤 다면체, 정사면체, 정육면체, 정팔면체, 정십이면체, 정이십면체의 표면적은 각각 71.1, 60.0, 57.2, 53.2, 51.5cm²다. 도형이 구에 점점 가까워질수록 표면적이 줄어든다. 자연 속의 모든 게 그렇듯이 비눗방울은 가능한 한 낮은 에너지 형태를 추구하는 경향이 있다. 그러기 위해 비눗방울은 비누막의 장력을 최소화한다. 그러면 일정한 부피를 감싸는 표면적이 최소가 된다. 비눗방울이 구 모양인 이유의 배경에 깔려 있는 논리와 물리학은 이해하기 어렵지 않다. 하지만 구가 부피 대비 표면적이 가장 작은 도형이라는 사실을 수학적으로 증명하는 건 놀라울 정도로 어렵다. 1884년에 이르러서야 완전한 증명이 나왔을 정도였다.

면적이 최대가 되는 도형

2차원에서 동등한 문제로 시작하는 게 더 쉽다. 일정한 면적을 감싼 둘레가 가장 짧은 도형은 무엇일까? 이건 전설 속에서 디도 여왕이 베르베르의 왕 이아르바스에게 수소의 가죽 한 장으로 둘러쌀 수 있을 만큼의 땅을 요구하기 전에 심사숙고했을 게 분명한 문제다. 이아르바스는 동물 가죽 한 장으로 땅을 가져가야 얼마나 가져가겠냐고 생각하며 기꺼이 요구를 수락했다. 그러나 창의력이 풍부했던 디도는 소가죽을 굉장히 작은 끈으로 만든 뒤 미래의 카르타고를 세우기에 충분할 만큼 커다란 땅을 감쌀 수 있는 거대한 원을 만들었다. 이처럼 영토를 최대로 확보하기 위해 고를 수 있는 도형으로 원 이외의 것을 상상하기는 어렵다. 하지만 둘레가 일정할 때 원이 가장 넓은 면적을 감싼다고, 다시 말해 원이 면적 대비 둘레가 가장 짧은 도형이라고 미루어 짐작하는 것과 실제로 그걸 증명하는 건 전혀 다른 일이다.

증명을 향해 다가갈 수 있게 해준 사람은 스위스 기하학자 야콥 슈타이너Jakob Steiner였다. 슈타이너는 면적이 최대가 되는 도형이 반드시 가져야 하는 다양한 성질을 찾아냈다. 예를 들어, 반드시 볼록한 도형이어야 했다. 만약 오목하다면, 오목한 부분

그레고리오 라사리니의 유화 <디도와 소가죽>

을 직선을 기준으로 뒤집어 둘레가 같으면서 면적을 더 넓게 만들 수 있었다. 그런 수많은 논거를 이용해 슈타이너는 최대가 되는 도형이 원이어야 한다는 결론을 내렸다. 하지만 그 결론에는 한 가지 흠이 있었다. 슈타이너는 둘레가 가장 작은 도형이 존재한다면 그건 원이어야 한다는 사실을 보였지만, 그런 도형이 애초에 존재해야 한다는 사실을 보이지는 않았던 것이다! 어떻게 그런 상황이 생기는지를 이해하기 위해 이렇게 생각해 보자. 예를 들어 여러분은 가장 큰 양의 정수가 1임을 '증명'할 수 있다. 가장 큰 양의 정수 n이 있다고 가정하고 시작하자. 만약 n이 1이 아니라면, $n^2 > n$이다. 따라서 애초에 n은 가장 큰 양의 정수가 아니다(n^2이 n보다 크기 때문이다). 그렇기에 n은 1이어야만 한다. 물론 이 증명의 문제는 애초에 있지도 않은 가장 큰 양의 정수가 있다고 가정한 것이다.

최대 면적을 둘러싼 곡선의 경우에 슈타이너는 옳았다. 그런 곡선은 존재하고, 슈타이너의 증명대로 그건 원이다. 하지만 그런 도형이 존재한다는 증명은 다른 수학자의 몫이었다. 여러 수학자가 서로 다른 방법을 이용한 증명을 제시했다. 1884년 구가 부피 대비 표면적이 최소인 도형이라는 증명이 나왔고, 1896년 독일 수학자 헤르만 브룬Hermann Brunn과 헤르만 민코프스키 Hermann Minkowski가 고차원의 모든 구에 대해 이 증명을 일반화 했다. 그렇지만 이건 여전히 특별한 경우일 뿐이다. 우리는 아직 조건이 더 많고 복잡한 경우에 어떤 일이 벌어지는지 알지 못한다.

비눗방울의 모양 법칙

19세기 벨기에 물리학자 조지프 플라토Joseph Plateau는 비눗 방울의 모양에 적용할 수 있는 여러 법칙을 만들었다. 첫 번째 법칙은 비누막이 매끄러운 표면으로 이루어져 있다는 것이고, 두 번째 법칙은 평균 곡률이 각각의 막 전체에 걸쳐 일정하다는 것이다. 세 번째 법칙은 비누막이 서로 만날 때 항상 세 막이 120도를 이룬다는 것이다. 이 법칙은 비눗방울 두 개가 만날 때 적용할 수 있다. 이 경우 비누막 세 개가 만나게 된다. 각각의 비눗방울에서 하나씩, 그리고 두 비눗방울을 나누는 경계에 있는 막 하나다. 만약 어느 한 비눗방울이 더 크다면, 경계는 더 큰 비눗방울 안쪽으로 구부러지며 세 번째 법칙을 만족한다. 플라토의 네 번째 법칙은 세 면이 120도를 이루며 만날 때 이 면의 네 변이 약 109.5도를 이루며 만난다는 것이다. 정사면체각이다. 그렇게 부르는 건 정사각형의 각 꼭짓점에서 중심으로 선을 그으면, 그 선들이 만나며 이루는 각도이기 때문이다. 플라토는 이와 다른 패턴의 비눗방울은 불안정해서 재빨리 그 법칙들을 만족하는 방향으로 재조정된다는 사실을 알아냈다.

플라토는 경계에 관한 조건을 다양하게 부과하면 어떻게 될지도 생각했다. 예를 들어, 만약 비눗방울이 탁자 위에 내려앉는다면, 반구 모양이 된다. 이 경우 탁자가 비누막이 아니고 따라서 표면적이 최소가 될 필요가 없기 때문에 비눗방울과 탁자 사이의 각도는 120도가 아니어도 된다. 만약 정사면체 철사틀을 비눗물에 담갔다가 꺼내면 비누막 여섯 개가 생긴다. 각각은 각 변에서 안쪽으로 이어지며, 각 꼭짓점과 중심을 잇는 선 네 개가 서로 만나 정사면체각을 이룬다.

플라토는 자신의 법칙을 수학이 아니라 오랜 관찰을 통해서 이끌어냈다. 당시에 시력을 잃고 있었던 터라 더욱 대단한 일이었다. 플라토가 시력을 잃게 된 이유는 확실하지 않지만, 젊은 시절부터 위험한 광학 실험을 하던 경향과 관련이 있을지도 모른다. 예를 들어, 플라토는 망막이 어떤 영향을 받는지 알아보려고 태양을 25초 동안 직접 바라본 적도 있다고 한다.

플라토는 실험으로 얻은 증거를 바탕으로 법칙을 만들 정도로 자신감이 있었지만, 어떻게 증명해야 할지는 몰랐다. 부피가 제각각인 여러 비눗방울을 다루어야 했기 때문에 그 증명은 일정한 부피를 감싸는 최소 표면적 문제보다 훨씬 더 어려웠다. 실제로 1976년이 되어서야 미국 수학자 진 테일러 Jean Taylor 가

마침내 조지프 플라토가 제시한 법칙이 극소곡면에 대해 언제나 유효하다는 사실을 증명했다. 부피 제한을 만족하면서 면적이 최소인 모든 곡면은 플라토의 법칙을 따른다.

테일러의 증명은 극소곡면과 관련된 가장 어려운 미해결 문제 중 하나를 증명하는 과정에서 중요한 한 단계였다. 바로 '이중 비눗방울 추측'이다. 이 추측에 따르면, 개별적인 두 공간을 분리한 채로 감싸면서 가능한 표면적이 최소인 도형은 표준 이중 비눗방울이다. 구의 일부분 세 조각이 120도를 이루며 만나는 형태로, 만나는 경계선은 원을 그린다. 하지만 테일러의 증명은 문제를 완전히 해결하지 못했다. 다른 형태도 아직 가능했고, 그 모두를 배제해야 했다. 그런 형태 중 하나는 땅콩 모양의 비눗방울 하나를 도넛 모양의 비눗방울이 가운데에서 둘러싸고 있는 것이다. 만약 그게 플라토의 법칙을 만족한다면(만족했다) 여전히 가능성이 있었다. 그러나 2002년 네 명의 수학자 마이클 허칭스Michael Hutchings, 프랭크 모건Frank Morgan, 마누엘 리토레Manuel Ritoré, 안토니오 로스Antonio Ros가 마침내 우리 어린 시절의 직관이 옳았으며 비눗방울 두 개로 이루어진 도형이 수학적으로 최적이라는 사실을 증명하며 이중 비눗방울 추측을 해결했다.

페르마 점 찾기

최적화 문제에서 2차원 공간에서 선이 120도로 만나는 점과 마찬가지로 3차원에서 네 선이 109.5도로 만나는 점은 아주 흔하다. 예를 들어, 평이해 보이는 다음 문제를 보자.

A와 B, C는 삼각형의 세 꼭짓점이다. 거리 PA + PB + PC가 최소가 되는 점 P를 찾아라.

먼저 삼각형 내부에서 점이 이리저리 움직여 다닌다면 여러 꼭짓점까지의 거리는 늘어나거나 줄어든다는 사실을 인지하자. 하지만 전반적으로 그 차이는 전부 상쇄되지 않고, 거리의 합이 가장 작은 고유한 점이 언제나 있다.

만약 삼각형 ABC가 정삼각형이라면, 이 문제의 답은 딱 봐도 삼각형의 중심이다. 실제로도 옳다. 그러나 각 변의 길이가 모두 다른 삼각형의 경우 답은 그렇게 분명하지 않다. 일단 삼각형의 중심을 찾는 데는 여러 가지 방법이 있다. 중선*을 긋고 한 점에서 만나는 점을 찾는 방법이 있다. 이 점을 도심이라고 하는데, 삼각형의 무게중심이기도 하다. 가령 두께와 밀도가 일정한 나무로 삼각형을 만든 뒤 무게중심 아래를 핀으로 받치면 삼각형은 핀 위에서 균형을 이룬다. A와 B, C까지의 거리가 똑같은 점을 찾을 수도 있다. 이를 외심(A와 B, C를 지나는 원의 중심이기도 하다)이라고 한다. 내각의 이등분선**은 내심에서 만나고, 수선***은 수심에서 만난다. 이 넷이 가장 흔히 접할 수 있는 삼각형의 중심이다. 그러면 여러분은 점 P가 당연히 이 넷 중 하나여야 한다고 생각할 것이다. 그러나 실제로는 그렇지 않다. 점

---

* 한 꼭짓점에서 대변의 중점에 그은 선

** 한 꼭짓점을 지나면서 내각을 똑같이 나누는 선

*** 한 꼭짓점을 지나면서 대변에 수직인 선

P는 페르마 점이라고 하는, 웬만해서는 들어보지 못한 점이다. 페르마 점은 선 PA, PB, PC가 서로 모두 120도를 이루며 만나는 점이다. 이 점을 찾는 한 가지 방법은 삼각형의 각 변에 정삼각형을 그리는 것이다. 그 뒤 각 정삼각형의 세 번째 꼭짓점에서 원래 삼각형의 반대쪽 꼭짓점까지 선을 그린다. 이 세 선은 모두 페르마 점에서 만난다. 한 가지 기이한 상황이 생길 때도 있는데, 원래 삼각형의 한 내각이 120도보다 클 때다. 이때 위의 방법을 사용하면 삼각형 외부에 점이 생기므로 당연히 최적의 점이라고 할 수 없다. 이 경우에 페르마 점은 내각이 120도보다 큰 꼭짓점이 된다.

PA+PB+PC의 길이를 최소화하는 점 P가 존재한다는 것을 그에 상응하는 물리적 과정을 통해 만들어 볼 수도 있다. 플라토는 철사로 틀을 만들어 비눗물에 담갔다. 이 사례는 서로 닿지는 않은 채 가까이 놓여 있는(2차원을 나타내기 위해서다) 유리판 두 장과 유리판에 고정된 작은 금속 막대 세 개(점 A, B, C를 나타낸다)를 이용해 2차원으로 구현해볼 수 있다. 만약 여러분이 이 장치를 비눗물에 담갔다가 꺼내면 비누막으로 이루어진 '선' 세 개가 생기고, 그 세 선이 페르마 점에서 만나는 모습을 볼 수 있다.

비눗방울로 최소 표면적 조사하기

플라토는 정육면체 모양의 철사 틀을 비눗물에 담갔을 때 어떤 일이 일어나는지도 실험했다. 이 경우에 비누막은 철사 정육면체 안쪽에 좀 더 작은 정육면체를 이룬다. 이 정육면체는 다른 비누막으로 철사 정육면체와 이어진다. 그러나 완벽한 정육면체는 플라토의 법칙을 만족하지 않는다. 따라서 표면은 약간 굽어 있다. 특히 작은 정육면체는 바깥쪽으로 살짝 불룩하다. 작은 정육면체의 크기는 처음 생길 때 비누막 안쪽에 공기가 얼마나 갇혔는지에 따라 달라진다.

최소 표면적을 조사하는 데 필요한 게 원하는 대로 만든 철사 틀과 좋은 비눗물(물과 설거지 세제, 글리세린 같은 몇몇 강화제로 만드는 다양한 방법이 있다)뿐이라는 사실은 매력적이다. 이는 사전에 계산하기 어려운 복잡한 경우에도 마찬가지다. 예를 들어 원형 고리 두 개를 비눗물에 담갔다 꺼내면 둘 사이에 흥미로운 표면이 생긴다. 이때는 부피를 감싸야 할 필요가 없고, 고리 두개가 모두 경계 역할만 하면 된다. 실험을 해보기 전이라면 원통이 두 고리 사이의 표면적을 최소화하는 모양이라고 생각하기 쉽다. 하지만 실제로 나오는 비누막의 모양은 안쪽으로 구부러져 있다. 가운데에서 가장 좁고, 멀어질수록 다시 폭이 커진다. 이를 현수면이라고 부르며, 현수선*을 회전해서 얻을 수 있는 곡면이다.

비눗방울이 아닌 거품과 플라토의 법칙

플라토의 법칙은 비눗방울 두 개에만이 아니라 전체 거품에도 적용할 수 있다. 언뜻 보면 거품은 극도로 무질서해 보이지만, 실제로는 엄격한 속박을 받고 있다. 거품 속의 모든 비눗방울은 플라토의 법칙을 따라야 한다. 그리고 만약 어떤 비눗방울도 터지지 않는다면, 모든 방울은 특정량의 공기를 가두고 있다. 마찬가지로 거품은 특정 부피를 감싸면서 총 표면적을 최소화하는 형태를 갖는다. 평범한 비눗물이 아니어도 여러 곳에서 자연스럽게 생긴다. 예를 들어 인체에서 뼈는 주로 단단한 외곽층(치밀뼈)과 부드러운 내부(해면뼈), 그리고 골수로 이루어져 있다. 비록 이 경우에는 다공성이지만(비눗방울이 공기를 가두는 것과 반대로 방울 부분이 뚫려 있고 구조물이 거품의 가장자리에 상응하는 네트워크를 이루고 있다), 해면뼈의 구조는 거품과 비슷하다. 이 거품과 같은 구조 덕분에 뼈는 잘 부서지지 않고 유연하다.

거품은 2008년 올림픽에 쓰였던 베이징 국가수영센터 건물에 영감을 제공했다. '워터 큐브'(정육면체라기보다는 직육면체 모양이

....

* 가벼운 끈의 양쪽을 고정하고 늘어뜨렸을 때 나오는 곡선

지만)라는 별명이 있는 이 건물에는 거품의 단면을 떠올리게 하는 패턴이 있다. 거품이라고 하면 으레 생각하는 불규칙성이 있어 처음에는 사실적으로 보이지만, 숙련된 눈으로 보면 차이점을 알 수 있다. 예를 들어, 사각형이나 삼각형 모양의 방울이 있는데, 이들은 방울 사이의 모든 각도가 120도가 되어야 한다는 플라토의 법칙을 위반한다. 이런 방울은 나머지 구조와 비교해 뜬금없어 보인다. 어쩌면 건축가가 플라토의 법칙을 모르고 있었을지도 모른다. 혹은 알았더라도 심미적이거나 실용적인 이유로 일부 무시하기로 했을 수도 있다.

2차원과 3차원의 벌집 추측

2차원에도 거품에 상응하는 것이 있다. 총 둘레를 최소화하고 싶을 때 평면을 넓이가 똑같은 영역으로 나누는 가장 좋은 방법은 무엇일까? (물론 총 둘레는 당연히 무한해진다. 이 문제를 해결하기 위해서는 평면의 한 커다란 구역 위에 있는 총 둘레를 그 구역의 면적으로 나누어 '평균' 둘레를 얻는다) 이번에도 그 답은 직관적으로는 당연하지만 증명하기는 어렵다. 바로 벌집 구조다. 벌집 구조는 밀랍을 가장 적게 사용하면서 넓이가 똑같은 방을 만드는 가장 효율적인 방법이다. 아마 그래서 꿀벌이 사용하고 있을 것이다. 누구나 직관적으로 그게 사실이라는 것을 알았고, 우리는 손쉽게 그게 최고의 정규 타일링(정규 타일링은 세 가지밖에 없다. 삼각형 타일링, 사각형 타일링, 육각형 타일링이다)이라는 사실을 증명할 수 있었다. 하지만 비정규 타일링에 대한 일반적인 증명을 찾을 수 없었다. 이 추측이 언제 등장했는지는 알 수 없다. 최초로 그것을 언급한 기록은 기원전 36년에 마르쿠스 테렌티우스 바로 Marcus Terentius Varro가 남겼지만, 분명히 그 전부터 있었을 것이다. 이와 달리 증명은 1999년이 되어서야 토머스 헤일스Thomas Hales가 내놓으며, 이 추측은 수학에서 가장 오랫동안 미해결로 남았던 문제 중 하나가 되었다. 증명이 어려웠던 가장 큰 이유는 정규 타일링뿐만 아니라 모든 비정규 타일링, 심지어는 곡선이 있는 타일이나 각각의 면적이 같아도 유형이 서로 다른 많은 타일까지 모두 고려해야 했다는 데 있었다.

3차원 공간의 벌집 추측은 더욱 어렵다. 사실 너무 어려워서 아직도 미해결 문제다. 절대온도 단위에 이름을 남긴 켈빈 경은 1887년 다음과 같은 질문을 던졌다. '3차원 공간을 표면적이 최소이면서 각각의 부피가 똑같은 구역으로 나누는 가장 효율적인 방법은 무엇일까?' 켈빈은 자신이 답을 안다고 생각했지만, 증명하지는 못했다. 일단 깎은 정팔면체가 있다고 하자. 정팔면체의 각 모서리를 잘라낸 것으로, 육각형 면 여덟 개와 사각형 면 여섯 개로 이루어진 도형이다. 이 도형은 3차원 공간을 타일링할 수 있다. 켈빈은 면을 살짝 구부려 플라토의 법칙을 만족하게 만들면 더 낫다는 사실을 깨달았는데, 이 도형(구부러진 깎은 정팔면체)이 가장 효율적이라고 추측했다. 한 세기 이상 누구도 켈빈의 타일링을 개선하지 못했다. 그러던 1993년 더블린 트리니티 칼리지의 물리학자 데니스 웨이어Denis Weaire와 제자인 로버트 펠란Robert Phelan이 마침내 성공했다. 웨이어-펠란 구조는 훨씬 더 설명하기 어렵다. 깎은 육방편방체와 파이라이토헤

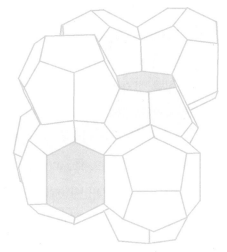

드론이라는 두 가지 타일로 이루어져 있으며, 역시 면은 구부러져 있어 플라토의 법칙을 따른다. 웨이어-펠란 구조는 켈빈의 구조보다 아주 조금만 더 낫다. 표면적이 0.3% 작다. 하지만 거품 속에서는 자연히 나타난다. 이 구조는 사실 거품의 컴퓨터 시뮬레이션을 연구하는 과정에서 발견한 것이다. 우리가 아직 모르는 건 웨이어-펠란 구조가 최적인지 아니면 언젠가 더 효율적인 타일링이 나타날 것인지의 여부다.

크고 작은 거품의 세계

자연 속에서 비눗방울과 거품은 과학자가 이제껏 만들었거나 계획했던 가장 큰 혹은 가장 작은 구조물 몇 가지를 만든다.

미시 규모로 가면 나노거품이 있다. 구멍의 대다수가 지름이 100nm(1nm=10억 분의 1m) 아래인 다공성 물질이다. 가장 유명한 사례로는 에어로겔aerogel이 있는데, 믿을 수 없을 정도로 가볍고 거의 안개 같은 모습이라 이따금 얼어붙은 연기라고도 부른다. 탄소, 금속, 유리 등 다양한 조성의 나노거품은 특이한 물리적 특성이 있어 앞으로 놀라울 정도로 가느다란 전선, 효율적인 촉매, 에너지 저장 장치 등에 쓰일지도 모른다.

반대쪽으로 가면 천문학적 규모의 비눗방울이 있다. 이런 거품은 뜨겁고 젊은 별이 주변의 성간 물질과 충돌할 때 나오는 강력한 바람에 의해 생길 수 있다. 지름이 수백 광년으로, 슈퍼 거품이라고 부르는 더 거대한 우주의 거품은 다수의 항성 폭발이나 초신성 때문에 생길 수 있다. 사실 우리가 사는 태양계도 1000만~2000만 년 전에 몇 차례의 초신성 폭발로 생긴 듯한 슈퍼 거품의 중심 근처에 놓여 있다.

11장

그냥
재미로 하는 수학

진지함의 부재는 온갖 놀라운 통찰력으로 이어졌다.

- 커트 보니것

만약 어린이가 즐겁게 놀 때 가장 잘 배울 수 있다고 하면, 모든 학교에서 유희수학을 가르쳐야 한다. 오랫동안 억지로 구구단을 외우고, 방정식을 풀고, 각도를 구해 온 사람들에게 '유희수학'이라는 말은 모순처럼 들릴지도 모른다. 하지만 기분 전환으로 스도쿠나 논리 퍼즐, 루빅스 큐브를 즐기는 사람이라면 설령 스스로 인지하고 있지는 않을지 몰라도 수학을 즐기고 있는 셈이다. 게다가 규칙이 간단한 퍼즐이나 게임과 같이 재미를 위한 수학을 이루는 것들은 수학이라는 분야의 중요한 발전으로 이어질 수 있다.

그냥 재미로 하는 수학은 수학 그 자체만큼이나 오래전부터 있었다. 고래 그리스 시절부터 여흥과 정신 훈련을 위해 수와 도형, 논리를 이용한 퍼즐을 만들었던 건 분명하다. 지금까지 전해지는 가장 초창기의 고전 퍼즐로는 14가지 삼각형과 사각형으로 정사각형을 만드는 '아르키메데스의 방'이 있다. 정사각형을 만드는 방법은 다양해서 2003년이 되어서야 마침내 컴퓨터 프로그램으로 모든 해법을 계산할 수 있었다. 미국 수학자 빌 커틀러Bill Cutler는 회전과 반사, 똑같은 조각의 치환을 배제하고 536가지 해법이 있다는 사실을 보였다. 이 퍼즐은 분할 문제의 한 사례다. 직소 퍼즐과 같은 이런 종류의 퍼즐은 수학 지식이 없어도(있으면 도움이 되긴 한다!) 상관없어 누구나 도전할 수 있다.

또 다른 오래된 분할 문제는 정사각형을 잘라 만든 일곱 조각(크기가 다양한 삼각형 다섯 개와 정사각형 하나, 평행사변형 하나)으로 이루어진 칠교놀이다. 전체의 윤곽선만 보고서 그 모양을 만드는 게 목표다. 수천 가지 모양이 가능하다. 모든 조각을 사용해야 하고, 겹치게 놓아서는 안 된다. 칠교놀이는 수백 년 전에 중국에서 유래한 것으로 보인다. 1800년대 초에 무역선을 통해 유럽에 들어왔고, 곧 인기 있는 유희가 되었다. 나폴레옹과 에드거 앨런 포Edgar Allan Poe, 루이스 캐럴이 모두 이 놀이를 좋아했고, 특히 캐럴은 칠교 조각을 이용해 앨리스 소설의 캐릭터 그림을 만들어 19세기 후반 영국에서 칠교놀이에 대한 관심을 되살리는 데 일조했다.

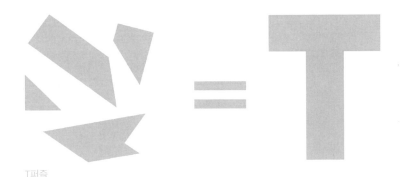

T퍼즐.

20세기 초에 등장한 한 퍼즐은 같은 장르에 속하며 조각이 단네 개뿐이라는 사실을 고려하면 놀라울 정도로 어렵다. T퍼즐은 조각을 회전하거나 뒤집을 수는 있되 겹치지는 않게 놓아 좌우대칭인 대문자 T를 만드는 것이다. 실제로는 두 가지 종류의 좌우대칭인 대문자 T와 등변사다리꼴을 포함한 다른 두 가지 대칭 도형을 만들 수 있다.

칠교놀이와 비슷하지만 3차원인 입체 분할 퍼즐은 덴마크의 수학자이자 발명가, 시인인 피에트 하인Piet Hein이 베르너 하이젠베르크로부터 양자역학 강의를 듣고 나서 만들었다. 하이젠베르크가 공간을 정육면체로 분할하는 내용을 설명하는 순간 하인은 깨달음을 얻어 서너 개의 정육면체로 만든 불규칙 조각 일곱 개를 모두 조합해 커다란($3 \times 3 \times 3$) 정육면체 하나를 만들수 있다는 사실을 떠올렸다.

소마 큐브 조각은 정육면체 세 개 혹은 네 개로 만들 수 있는 가능한 모든 조합으로 이루어져 있고, 적어도 한 군데에서는 꺾이도록 면이 붙어 있다. 하인은 다음과 같이 말했다.

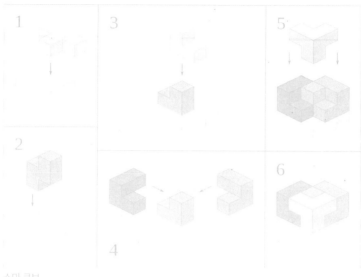

정육면체의 가장 단순한 일곱 가지 불규칙적 조합이 모여 다시 정 육면체가 된다는 사실은 자연의 아름다운 유머다. 여러 단위가 모 여 다시 하나의 단위를 만들다니. 이것은 세계에서 가장 작은 철학 체계다. 그리고 그건 분명한 장점이다.

수학의 다른 많은 기발하고 재미있는 아이디어가 그랬던 것 처럼 하인의 발견도 『사이언티픽 아메리칸』에 실린 마틴 가드 너의 「수학 게임」 칼럼을 통해 세상의 주목을 받았다. 3년 뒤 인 1961년 영국 수학자 존 콘웨이와 당시 함께 케임브리지대학 교의 학생이었던 마이클 가이 Michael Guy가 소마 큐브 조각으로 3×3×3 정육면체를 조립하는 240가지 방법을 모두 찾아냈다. 더 나아가 콘웨이는 18가지 조각으로 이루어진 5×5×5 정육면체 퍼즐을 개발했다. 하인이 처음에는 덴마크 회사가 만든 우아한 장미목 제품을, 나중에는 더 저렴한 플라스틱 제품을 파커 브라더스를 통해 미국에 팔아 상업적 성공을 거둔 것과 달리 이건 그냥 콘웨이 퍼즐이라고만 불리고 있다.

하인과 콘웨이, 가드너는 수학의 재미있는 측면이 어떻게 더 진지하고 학문적인 측면과 매끄럽게 이어지는지를 보여준 유희 수학의 새로운 투사다. 콘웨이는 정수론과 매듭이론, 다양한 차원의 기하학, 군론에 중요한 업적을 남긴 저명한 수학자다. 하인은 초타원을 연구했고, 창의적인 퍼즐 개발자이자 해결사로서만이 아니라 발명가와 시인으로도 유명하다. 가드너는 현대의 가장 위대한 수학 대중화 전문가로, 매혹적이고 때로는 새롭기도 한 수학적 발견을 폭넓게 주목받게 했다는 점에서 수학계와 일단 대중 양쪽으로부터 크게 인정받았다.

태양신의 소 문제

그러나 앞서 살펴보았듯이 재미를 위한 수학은 역사가 길다. '아르키메데스의 방' 말고도 아르키메데스의 것으로 보이는 문제가 하나 더 있다. 바로 소 문제다. 이 문제 역시 상당히 최근에 이르러서야 완전히 풀렸다. 그 답은 1880년에 구했는데, 너무나 값이 커서 1965년이 된 뒤에야 계산 결과를 정확하게 출력할 수 있었다. 아르키메데스의 방처럼 이번에도 컴퓨터의 도움을 받았다. 하지만 두 문제의 차이는 난이도다. 퍼즐 조각을 이리저리 움직여 특정 방식으로 조립하는 문제는 누구나 시도해볼 수 있다. 하지만 소 문제는 대부분의 사람이 힐긋 보기만 해도 고개를 저을 만하다. 2000여 년 전 아르키메데스는 에라토스테네스가 이끌던 알렉산드리아의 영리한 수학자들에게 도전하는 차원에서 문제를 제시하며 이렇게 말했다. "친구여, 그대에게 지혜가 있다면, 마음을 쏟아 태양의 황소 수를 계산해 보아라."

표현을 조금 바꾸어 설명하면 문제는 다음과 같다. 태양신에게는 황소와 암소로 이루어진 소 떼가 있다. 소 떼의 일부는 하얗고, 일부는 검고, 일부는 얼룩이고, 일부는 갈색이다. 황소 중에서 하얀 소는 갈색 소보다 검은 소의 2분의 1 더하기 3분의 1만큼 더 많다. 검은 소는 갈색 소보다 얼룩 소의 4분의 1 더하기 5분의 1만큼 더 많다. 얼룩 소는 갈색 소보다 하얀 소의 6분의 1 더하기 7분의 1만큼 더 많다. 암소 중에서 하얀 소는….

대충 알 수 있을 것이다. 환상적일 정도로 복잡하다. 그리고 문제의 마지막 부분은 이렇다. 소 떼는 어떻게 이루어져 있는가? 아르키메데스도 굳이 답을 구해 보라고 하지는 않으며 문제를 풀 수 있는 사람이라면 "수에 지식이 없거나 숙련되지 않은 건 아니겠지만, 그래도 가장 현명한 사람으로 손꼽힐 정도는 아닐 것"이라고 말했다. 2000년 정도 뒤에 독일 수학자 A. 암토어Amthor가 그 답이 206,545자리이며 7766으로 시작한다는 사실을 보이며 부분적으로나마 영예를 가져갈 수 있었다. 하지만 고성능 컴퓨터 대신 로그표만 써야 하는 제약 탓에 그 이상은 포기했다. 마침내 1965년 캐나다 워털루대학교 수학자들이 IBM7040 컴퓨터를 일곱 시간 반 동안 돌려 정확한 답을 구했다. 안타깝게도 42쪽에 달하는 출력물을 얼마 뒤에 잃어버리는 바람에 1981년이 되어서야 저자 중 한 사람(데이비드)의 크레이 연구소 동료 해리 넬슨Harry Nelson이 크레이-1 슈퍼컴퓨터로 다시 계산했다. 이번에는 답을 구하는 데 10분밖에 걸리지 않았고, 답은 압축해서 12쪽으로 출력한 뒤 다시 『유희 수학 저널』의 한쪽에 실렸다.

샘 로이드와 15퍼즐

가장 훌륭한 수학 퍼즐 전문가 두 사람을 꼽자면 미국의 샘 로이드Sam Loyd와 영국의 헨리 듀드니Henry Dudeney를 들 수 있다. 두 사람 모두 19세기 중후반에서 20세기 초에 걸쳐 살았다. 감질나며 재미있는 문제를 만드는 로이드의 천재성에 비견할만한 건 그 자신의 자기 홍보와 철저한 속임수에 대한 재능뿐이었다. 로이드의 유명한 창작물로는 '뱀 고리 퍼즐', '지구를 떠나라 퍼즐' 등이 있고, 가장 유명한 건 '15퍼즐'이다. 로이드는 17세에 이미 일류 체스 문제 제작자로 칭송을 받았고, 이후 세계랭킹 15위로 미국에서 손꼽힐 정도로 뛰어난 체스 선수가 되었다. 어처구니없을 정도로 간단해 보이는 '노새 속임수 퍼즐'을 만든 것도 10대 시절이었다. 이 퍼즐은 노새 두 마리와 기수 두 명이 있는 그림을 세 조각으로 잘라서 기수가 노새를 타고 있는 모습이 되도록 재조립하는 게 목표다. 로이드는 이 퍼즐을 흥행사인 피네아스 T. 바넘Phineas T. Barnum(바넘&베일리 서커스로 유명한)에게 1만 달러 정도를 받고 팔았다. 이렇게 간단히 풀 수 있을 것처럼 보여서 사람들이 덤벼들었다가 몇 시간이 지나도 해결하지 못

하는 문제는 로이드의 특기가 되었다. 하지만 로이드도 자신이 만들었다고 주장하는 몇몇 퍼즐의 출처에 관해서 언제나 정직했던 것만은 아니다.

　그런 문제 중 하나가 로이드가 1870년대에 떠올렸다고 말한 15퍼즐이다. 15퍼즐은 한 세기 뒤의 루빅스 큐브만큼이나 전 세계를 사로잡았다. 퍼즐의 목표는 1에서 15까지 숫자가 적힌 채 4×4칸 틀에 무작위한 배열로 담겨 있는 타일 15개를 움직여 순서대로 정렬하는 것이다. 한 칸은 비어 있어서 그 빈 공간으로 타일을 밀어넣는 식으로만 움직일 수 있다. 모두가 이 퍼즐에 열광하는 분위기였다. 마차 안에서 하고, 점심시간에 하고, 일해야 하는 시간에도 했다. 심지어는 엄숙한 독일 의회에까지 침투했다. 이 퍼즐이 전염병처럼 번졌던 시기에 의원을 지냈던 지리학자 겸 수학자 지그문트 귄터 Sigmund Günter 는 이렇게 회고했다. "의회 안에서 반백의 사람들이 손에 든 조그만 상자에 열중해 있는 모습을 아직도 선명하게 떠올릴 수 있다." 동시대의 한 프랑스 작가도 이렇게 썼다. "파리에서 그 퍼즐은 공공장소나 길거리 어디에서나 볼 수 있었고, 순식간에 수도에서 각 지방으로 퍼졌다. 어느 시골집에 가도 이 거미가 거미줄을 쳐놓고 희생자가 낚이기만을 기다리고 있었다."

로이드는 저서 『퍼즐 백과』(1914)에서 이 퍼즐의 저작권을 주장했다. "퍼즐랜드에 더 오래 산 주민이라면 70년대에 내가 어떻게 '14-15퍼즐'로 불리는 작은 상자와 움직이는 조각으로 전 세계를 열광에 빠뜨렸는지를 기억할 것이다." 사실 진짜 발명가는 뉴욕 카나스토타의 우체국장이었던 또 다른 미국인 노이스 채프먼 Noyes Chapman 이었다. 그러나 로이드는 초기 배열이 14번과 15번만 서로 바뀐 채 나머지 타일은 순서대로인 한 변종 퍼즐을 푸는 올바른 방법을 제시하는 첫 번째 인물에게 상금으로 1,000달러를 주겠다고 제안했다. 많은 사람이 상금을 받겠다고 나섰지만, 엄격한 관찰 하에서는 누구도 퍼즐을 푸는 과정을 재현하지 못했다. 이유는 간단했다. 그건 로이드가 이 퍼즐에 대해 미국에서 특허를 받지 못한 이유이기도 하다. 규정에 따르면 로이드는 시제품을 만들 때 쓸 수 있도록 작동하는 모형을 제출해야 했다. 특허국 직원에게 퍼즐을 보여준 로이드는 풀 수 있냐는 질문을 받았다. "아니오." 로이드는 대답했다. "그건 수학적으로 불가능합니다." 그러자 직원은 작동하는 모형이 없으니 특허도 줄 수 없다고 판단했다!

15퍼즐을 철저하게 분석하고 나자 초기 배열의 수는 200억 가지가 넘지만 모두 단 두 유형으로 분류할 수 있다는 사실이 드러났다. 하나는 모든 타일이 결국 순서에 맞는 위치로 올라갈 수 있는 유형이며, 다른 하나는 어떻게 해도 14와 15가 거꾸로 놓이게 되는 유형이다. 두 유형에 속한 배열을 조합하는 건 불가능하고, 한 유형에 속한 배열을 다른 그룹에 속한 배열로 바꾸는 것도 불가능하다. 만약 무작위로 배열된 타일이 있다면, 여러분은 그게 풀 수 있는 것인지 미리 알 수 있을까? 그렇다. n+1번 타일 뒤에 n번 타일이 나오는 경우를 세기만 하면 된다. 만약 그렇게 뒤집힌 횟수가 짝수라면, 퍼즐은 풀 수 있다. 그렇지 않으면 시간 낭비다!

로이드와 듀드니, 끝이 좋지는 않았던 퍼즐 콤비

로이드가 전문적으로 퍼즐만 제작하게 된 건 1890년대에 들어서였다. 비슷한 시기에 로이드는 대서양 건너편에 있는 경쟁자인 작가 겸 퍼즐의 대가 헨리 듀드니와 편지를 주고받기 시작했다. 듀드니는 13살에 학교를 떠나 공무원으로 일하기 시작했지만, 체스와 수학 문제 개발의 전문가가 되었다. 이건 듀드니가 '스핑크스'라는 가명으로 신문이나 잡지에 기고한 글에서 종종 밝힌 내용이었다. 30년 동안 듀드니는 『스트랜드 매거진』의 칼럼니스트였으며, 여섯 권의 책을 쓰기도 했다. 1907년에 나온 첫 번째 책 『캔터베리 퍼즐』은 초서Chaucer의 『캔터베리 이야기』에 등장하는 인물이 문제를 내는 형식이다. 그중 하나가 '방물장수 문제'인데, 이 퍼즐의 답은 듀드니의 가장 유명한 기하학적 발견이다. 이 퍼즐은 정삼각형을 네 조각으로 자른 뒤 재배열해 정사각형을 만드는 것이다. 해답의 놀라운 특징은 각 조각의 꼭짓점을 서로 이으면 정사각형도 되고 원래의 정삼각형도 되도록 접히는 사슬을 만들 수 있다는 점이다. 접히는 점 중 두 곳은 삼각형의 변을 반으로 나누는 점이고, 나머지한 점과 아래쪽의 커다란 조각의 꼭짓점은 삼각형의 밑변을 약 0.982:2:1.018의 비로 나눈다. 1905년 5월 17일 듀드니는 왕립학회 회의에서 광택 나는 마호가니 나무에 놋쇠 경첩을 달아서만든 해답의 모형을 선보였다.

한동안 로이드와 듀드니는 함께 새로운 퍼즐을 고안했다. 일반적인 평가로는 듀드니가 수학자로서는 더 뛰어났고, 로이드는 표현과 홍보 기술에 더 독창적이었다. 하지만 시간이 흐르자아이디어를 허락 없이 빌려오고 심지어는 자신의 것인 양 출판까지 하는 로이드의 경향 때문에 둘 사이에 불화가 생겼다. 듀드니의 딸 중 한 명은 "너무 겁이 날 정도로 아버지가 분노로 끓어올라 화를 내고는 그 뒤로 샘 로이드를 악마라고 불렀다"고회고했다.

감각을 속이는 퍼즐

로이드는 '지구를 떠나라'라는 사라지는 퍼즐에 대한 권리도주장했다. 그건 상업적으로 가장 성공한 로이드의 제품이었지만, 그보다 앞선 비슷한 디자인에 바탕을 두고 있었다. 사라지

는 퍼즐은 조각의 총면적 혹은 그림 속에 있는 물체의 수가 조작에 따라 달라지는 것처럼 보이는 퍼즐이다. 1896년에 나온 지구를 떠나라는 네모난 배경 위에 지구를 나타내는 둥근 종이가 올라가 있는 형태다. 둥근 종이는 회전할 수 있다. 각 조각에는 중국인으로 보이는 여러 남성의 신체 일부가 있다. 지구가 회전해 커다란 화살표가 배경에 있는 N.E.를 가리키면, 중국인 남성 13명이 보인다. 하지만 지구를 조금 돌려 화살표가 N.W.를 향하게 하면, 사람의 수는 12명뿐이다. '13번째 사람은 어디로 갔을까?'가 문제다. 이 퍼즐의 교묘함은 사람의 조각(팔, 다리, 몸, 머리, 칼)이 많은데 각각의 조각이 조금씩 모자라다는 데 있다. 지구를 돌리면, 이들 조각이 조금씩 재배열된다. 특히 12명 각각이 옆에 있는 사람으로부터 모자란 부분을 얻게 된다.

'지구를 떠나라'는 우리의 감각을 속여넘긴다는 점에서 일종의 착시다. 다른 수학 퍼즐은 합리성에 관한 우리의 직관에 도전하는 듯이 보인다. 하지만 그건 우리의 직관이 보통 형편없는 안내원이기 때문이다. 1, 2, 3차원에서 서로 다른 양이 각각 어떻게 달라지는지를 물어보면 간단한 사례를 볼 수 있다. 예를 들어, 지구가 반지름이 6,378km인 완벽한 구이며 얇은 막으로 완전히 덮여 있다고 생각해보자. 이제 이 막의 면적에 1m²를 더해 좀 더 큰 구를 만든다고 하자. 이 막의 반지름과 부피는 얼마나 더 커졌을까? 구의 면접과 부피를 구하는 공식을 쓰면 쉽게 답을 구할 수 있다. 놀랍게도, 면적이 1m² 늘어날 때 그 안의 부피는 325만m³ 늘어난다. 언뜻 보기에는 엄청난 양이다. 그러나 지구를 덮은 새로운 막은 지구 표면에서 그렇게 높이 올라가지 않는다. 고작 10억 분의 1m만 올라간다!

구와 관련한 또 다른 문제는 답이 반직관적일 뿐만 아니라 언뜻 보기에는 정보가 부족해 답을 구할 수 없을 것처럼 보인다. 가령 여러분에게 높이가 2.5cm인 나무 구슬이 있다고 하자. 그리고 정확히 가운데를 통과하도록 구멍을 뚫어 남은 부분의 높이를 정확히 2.5cm의 절반으로 만들었다. 이제 여러분에게 엄청나게 거대한 드릴이 있어서 이 드릴로 지구에 구멍을 뚫는다고 상상해 보자. 아주 큰 구멍이라 남은 부분의 높이는 고작 2.5cm의 절반이다. 놀랍게도, 이 두 구멍 뚫린 구의 남은 부피는 똑같다! 지구가 나무구슬보다 훨씬 더 크지만, 구멍의 높이를 똑같이 만들기 위해 드릴로 뚫어버리는 부위도 그만큼 더 크다. 따라서 남은 부피는 구나 구멍의 처음 크기와 무관하고 그 둘의 관계에 따라서만 달라지는데, 그건 2.5cm의 절반만 남도록 구멍을 뚫어야 한다는 데서 정해진 것이다. 이 사실 덕분에 루이스 그레이엄Louis Graham의 책 『놀라운 수학 문제의 공격』에 실린 다음 시-문제는 비록 독자에게 정보를 제공하지 않는 것 같아도 사실은 해답이 있는 문제가 된다.

늙은 여관 주인은 즐거워했네
단단한 구에 구멍을 뚫었지
가운데를 정확하고 똑바르게
구멍의 크기는 고작 15센티미터였어
이제 말해봐, 끝까지 뚫었을 때
구의 남은 부피는 얼마일까?
내가 별로 알려준 게 없어 보여도
사실은 다 알려줬다네, 답은 어렵지 않아

구멍 뚫린 구의 부피가 구의 처음 크기와는 상관이 없다는 비밀을 이미 알려주었으니 우리는 백지 상태부터 기하학적 증명을 할 필요 없이 얍삽하게 훨씬 더 짧은 방법을 쓸 수 있다. 크기가 15cm인 구멍이 뚫린 구에서 남은 부분의 부피는 지름이 15cm이고 구멍의 지름이 0인 구의 부피와 똑같아야 한다. 그러면 답은 구의 부피를 구하는 공식($V=4/3\pi r^3$)으로 바로 구할 수 있다. 반지름 r이 7.5cm이므로 답은 약 1765.6cm³다.

본질을 떠나 유희수학 문제는 두 가지를 만족해야 한다. 첫째, 대부분의 사람이 학교에서 배우는 내용만으로 풀 수 있어야 한다. 둘째, 사람을 끌어당기는 매력적이거나 흥미로운 측면이 있어야 한다. 퍼즐 제작자들은 종종 약간의 가짜 역사를 끼워 넣어서 이 두 번째 측면을 강화하곤 했다. 피보나치 수열 연구와 지금은 자신의 이름이 붙은 관련 수열을 발견한 일로 역사에 남은 프랑스 수학자 에두아르 뤼카Édouard Lucas는 '하노이의 탑'이라는 자신이 만든 인기 게임에 약간의 허구로 양념을 쳤다. 1883년부터 장난감으로 팔린 이 퍼즐은 초창기에 제작자 이름이 '리-소우-스탱Li-Sou-Stain 대학교의 클라우스 교수Prof. Claus'로 되어 있었다. 그건 '생루이Saint Louis대학교의 뤼카 교수Prof. Lucas'의 철자를 바꾼 것이라는 사실이 곧 드러났다. 이 퍼즐에는 막대가 세 개 있다. 그중 하나에는 원반 여덟 개가 큰 순서대로 쌓여 있다. 이때 가장 적은 횟수로 원반 탑을 다른 막대로 옮기는 게 문제다. 원반은 한 번에 하나씩만 옮길 수 있고, 절대로 작은 원반 위에 큰 원반을 놓을 수 없다.

뤼카는 퍼즐에 낭만적인 이야기를 엮어 자신의 제품에 이국적인 향취를 가미했다. 이야기 속에 나오는 웅장한 브라만의 탑을 모형으로 하노이의 탑을 만들었다는 이야기였다. 이 전설에 따르면, 베나레스라는 인도의 한 도시에 세상의 중심을 나타내는 돔이 있고, 그 아래에 황동으로 만든 판이 있다. 판 위에는 다이아몬드 막대 세 개가 있다. "각각의 높이는 1큐빗이고 굵기는 꿀벌의 몸통만 하다." 창조의 순간 브라만 신은 순금으로 만

든 원반 64개를 막대 한 곳에 올려놓았다. 각 원반은 크기가 서로 다르며, 각각은 자기보다 큰 원반 위에 놓여 있다. 가장 큰 원반이 가장 아래쪽 황동 판 위에 있고, 가장 작은 원반이 맨 위에 있다. 사원 안에 있는 승려들의 일은 황금 원반을 원래 막대에서 다른 막대로 옮기는 것이다. 원반은 한 번에 하나씩만 옮겨야 한다. 누구도 더 작은 원반 위에 큰 원반을 놓거나 세 막대 이외의 장소에 원반을 놓을 수 없다. 그 일이 끝나고 원반 64개가 성공적으로 다른 막대로 옮겨가면, "탑과 신전, 브라만이 모두 먼지가 되어 날아갈 것이며, 천둥소리와 함께 세상이 사라지게 된다." 원반을 모두 옮기는 데 필요한 횟수가 $2^{64} - 1$, 즉 약 1.8447×10^{19}번이라는 사실을 생각하면 상당히 안전해 보이는 예언이다. 1초에 한 번씩 움직인다고 할 때 걸리는 시간은 현재 우주의 나이의 약 다섯 배다! 다행히 하노이의 탑은 그렇게 시간을 오래 잡아먹지 않는다. 옮겨야 할 원반이 64개가 아니라 여덟 개밖에 되지 않아 전부 옮기는 데 필요한 최소 횟수는 $2^8 - 1$, 즉 255번에 불과하다.

다른 많은 수학자처럼 뤼카도 어처구니없이 세상을 떠났다. 프랑스 과학진흥협회 연차 대회 만찬장에서 웨이터 한 명이 그릇을 떨어뜨렸는데, 깨진 조각이 뤼카의 뺨을 베었다. 뤼카는 며칠 뒤 고작 49세의 나이로 세상을 떠났다. 아마도 패혈증으로 인한 심각한 피부 감염 때문이었을 것이다.

제갈량이 만든 수학 게임?

하노이의 탑과 수학적으로 관련이 있으면서 훨씬 더 오래된, 물체를 이리저리 옮겨야 하는 기계적인 퍼즐이 하나 있는데, 보통 '중국 고리'라고 부른다. 단단한 철사로 만든 수평 고리에서 여러 개의 고리를 빼냈다가 다시 집어넣는 퍼즐이다. 첫 번째 움직일 때 수평 고리의 왼쪽 맨 끝에서 고리를 두 개까지 뺄 수 있다. 이 둘 중 하나 혹은 두 개 모두를 수평 고리 안쪽으로 위에서 아래로 통과시켜 빼낼 수 있다. 만약 둘 다 빼낸다면, 네 번째 고리를 끝으로 빼낼 수 있다. 만약 처음 두 고리 중에 한 개만 빼낸다면, 그다음 단계는 세 번째 고리를 빼내는 것이다. 이어서 다른 고리를 빼내기 위해 고리들을 다시 집어넣어야 한다. 그리고 이 과정을 계속 반복한다.

일반화를 해보면, 고리의 수가 n이라고 할 때 필요한 최소 횟수는 n이 짝수일 때 $(2^{n+1} - 2)/3$이고 n이 홀수일 때 $(2^{n+1} - 1)/3$이다. 예를 들어, 고리 일곱 개를 빼내는 데는 85번이 걸린다. 모든 움직임이 보통 앞으로 진행하거나 다시 전 단계로 돌아가는 수준이라 해결 방법은 쉬운 편이다. 올바른 해법의 핵심은 첫 번째 단계다. 만약 n이 짝수라면 고리 두 개를 빼고, n이 홀수라면 한 개만 빼야 한다. 하노이의 탑과 비슷한 과정이다. 실제로 에두 아르 뤼카는 이진 산술을 사용해 우아한 해법을 내놓기도 했다.

오래된 수학 유희가 상당수 그렇듯이 중국 고리의 기원도 수 수께끼에 싸여 있다. 19세기의 민족학자 스튜어트 컬린Stewart Culin에 따르면, 2세기에 중국의 제갈량이 자신이 전쟁을 치르러 나가 있는 동안 아내가 정신을 쏟을 수 있도록 선물로 주려고 만들었다고 한다. 유럽에서 이 퍼즐에 대한 초기 언급은 1500년 경 이탈리아의 수학자이자 프란체스코 수도회의 수사였던 루 카 파치올리Luca Pacioli가 쓴 『드 비리부스 콴티타티스』에 나온 다. 이 책의 107번 문제에는 이런 설명이 달려 있다. 'Do cavare et mettere una strenghetta salda in al quanti anellisaldi, difficil caso.'(여럿이 이어진 고리와 이어진 작은 막대를 뺐다가 넣는다, 어려운 문제) 최초로 음수에 관해 쓴 유럽인이었던 또 다른 이탈리아 수 학자 지롤라모 카르다노도 이에 관해 언급했다. 자신의 책『사 물의 미묘함』1550년판에서 카르다노는 이 퍼즐에 관해 긴 분량 을 할애했다. 이 퍼즐이 때때로 카르다노의 고리라고 불리는 이 유다. 17세기 말쯤 중국 고리는 많은 유럽 국가에서 인기를 끌 었다. 프랑스 농부들은 이 퍼즐을 '시간 잡아먹기'라고 부르며 상자의 잠금 장치로 쓰기도 했다.

님 게임, 알파고의 선배 니마트론을 낳다

왜 수많은 수학 퍼즐이 중국에서 유래했다고 하는지는 확실하지 않다. 어쩌면 옛날에는 극동의 나라에서 왔다는 이야기가 알고 보면 뿌리가 소박한 유희에 신비롭고 이국적인 요소를 가미해주었을지도 모른다. 여러 가지 유형이 있는 님 게임은 확실히 '지앤스즈(돌 줍기)'라는 중국 게임과 비슷하다. 하지만 '님'이라는 이름은 20세기 초 하버드대학교의 수학 조교수였던 찰스 부톤Charles Bouton이 만든 것이다. 부톤은 '훔치다' 또는 '빼앗다'를 뜻하는 고대 영어 단어를 가져와 이름을 붙였고, 1901년에는 승리 전략의 증명을 포함해 님을 완전분석한 결과를 발표했다. 님 게임은 참가자 두 명이 번갈아 가며 두 개 이상의 물체 더미 혹은 줄 중 한 곳에서 적어도 한 개를 가져가는 방식이다. 마지막 물체를 가져가는 사람이 이긴다. 이 게임의 한 가지 형태로 성냥을 다섯줄로 늘어놓은 게 있다. 첫 번째 줄에는 성냥 한 개, 두 번째 줄에는 두 개와 같은 식으로 놓아 마지막 줄에는 성냥 다섯 개를 둔다. 참가자는 번갈아 가며 어느 한 줄에서 성냥을 한 개 이상 가져간다.

님 게임을 하는 최초의 컴퓨터는 '니마트론'이라는 1톤짜리 괴물로 1940년에 웨스팅하우스 전기 회사가 제작해 뉴욕 세계박람회에 전시했다. 니마트론은 관객과 관계자들을 상대로 10만 게임을 했으며, 90%라는 인상적인 승률을 기록했다. 패배는 대부분 기계가 질 수 있다는 사실을 보여주어 어안이 벙벙한 관객을 안심시키라는 지시를 받은 관계자를 상대로 얻은 것이었다! 1951년 님 게임을 하는 로봇 '님로드'가 영국제에 등장했고, 얼마 뒤에는 베를린 무역박람회에도 모습을 드러냈다. 그 로봇은 인기가 매우 좋아서 관객들은 반대쪽에 공짜 음료를 제공하는 바가 있다는 사실도 완전히 무시했다. 결국 경찰이 출동해 군중을 통제해야 했다.

100만 달러의 상금이 걸린 영원 퍼즐

난이도로 따지면, 대중이 접할 수 있었던 유희수학에서 손꼽을 정도로 가장 어려운 문제는 아마 '영원 퍼즐'일 것이다. 영원 퍼즐은 209조각으로 이루어진 직소 퍼즐이다. 각 조각은 정삼각형과 삼각형 반쪽이 고유한 방식으로 조합되어 있고, 각각의 면적은 정삼각형 여섯 개의 면적과 같다. 목표는 조각을 조립해 삼각형 격자에 들어맞는 정십이각형에 가까운 도형을 만드는 것이다. 퍼즐을 만든 크리스토퍼 몽크턴Christopher Monckton은 1999년에 해법이 있다면 가장 먼저 올바른 해법을 제출한 사람에게 100만 달러의 상금을 주겠다고 발표했다. 우승자는 그때까지 접수받은 해법을 모두 공개하는 2000년 9월에 발표할 예정이었다. 좀 더 작게 만든 퍼즐을 컴퓨터로 돌려본 몽크턴은 영원 퍼즐의 막대한 크기 때문에 풀기 어려울 거라고 확신했다. 그러나 두 영국 수학자 알렉스 셀비Alex Selby와 올리버 리오던Oliver Riordan이 컴퓨터 몇 대를 이용해 5월 15일에 올바른 타일링 해법을 구해 제출했고, 상금을 받았다. 올바른 해법을 찾았다고 하는 다른 유일한 도전자보다 6주 앞선 결과였다.

초기에 셀비와 리오던은 놀라운 발견을 했다. 영원 퍼즐과 같은 퍼즐은 조각 수가 늘어날수록 난이도가 올라갔지만, 어느 정도까지만이었다. 임계점은 약 70조각이었다. 그런 경우에는 푸

는 게 거의 불가능했다. 그러나 큰 퍼즐의 경우 가능한 해법의
수도 늘어났다. 조각이 209개인 영원 퍼즐의 경우 적어도 해법
이 10^{95}가지 있는 것으로 보인다. 우주에 있는 아원자 입자의 수
보다도 훨씬 더 많지만, 해법이 아닌 경우의 수보다는 한참 더
적다. 영원 퍼즐 자체는 완전 탐색 기법으로 풀기에는 너무 크
다. 하지만 어떤 모양의 지역을 타일링하는 게 가장 쉬운지와
어떤 모양의 조각이 가장 끼워 맞추기 쉬운지를 고려하는 좀 더
약삭빠른 방법을 쓰면 해볼 만했다. 셀비와 리오던은 꾸준히 탐
색 알고리즘을 개선하며 방대한 양의 비(非)해법을 걸러냈고, 약
간의 행운이 따라 올바른 해법을, 그리고 상금을 얻었다.

수학 퍼즐이 발전시킨 수학

많은 수학 퍼즐은 그냥 재미를 위한 것이지만, 그중 일부는,
비록 문제는 쉬워 보여도, 지축을 흔드는 발전으로 이어졌다.
가장 유명한 건 우리가 다른 곳에서도 이야기했던 쾨니히스베
르크의 다리다. 이 문제에 답이 없다는 레온하르트 오일러의 해
답은 그래프 이론의 탄생을 알렸고, 위상수학으로 가는 중요
한 초기 단계를 제공했다. 오랫동안 풀리지 않았던 또 다른 난
제인 4색 문제는 이웃한 지역이 서로 같은 색이 되지 않도록 지
도를 색칠하는 데는 네 가지 색만 있으면 충분하다는 주장을 증
명하는(혹은 반증하는) 문제다. 특정 사례에 대해서 이 주장이 참
임을 보이는 건 쉽지만, 모든 가능성을 망라하는 증명을 내놓는
건 미치도록 어렵다. 마침내 1976년에 일리노이대학교의 케네

스 아펠Kenneth Appel과 볼프강 하켄Wolfgang Haken이 증명을 발표했고, 이는 그런 성과를 내는 데 컴퓨터가 중요한 역할을 한 최초의 사례가 되었다. 1943년 스위스 수학자 휴고 하드비거Hugo Hadwiger가 제시한 4색 문제의 광범위한 일반화 문제는 아직도 중요한 그래프 이론의 미해결 문제로 남아있다.

피에트 하인이 1942년 새로운 보드게임 아이디어를 떠올린 것도 4색 문제를 생각하고 있을 때였다. 이 보드 게임은 폴리곤이라는 이름으로 덴마크에서 인기를 끌었다. 몇 년 뒤 탁월한 게임 이론 전문가이자 『뷰티풀 마인드』라는 제목의 전기와 영화의 주인공인 미국 수학자 존 내시John Nash도 독자적으로 똑같은 생각을 떠올렸다. 내시가 만든 게임은 프린스턴과 다른 수많은 대학의 수학과 학생들이 즐겼고, 결국 파커 브라더스가 헥스라는 이름으로 시장에 내놓았다. 이 이름은 그대로 굳어졌다. 헥스는 마틴 가드너의 1957년 7월 「수학 게임」 칼럼에 등장했고, 게임 이론의 수많은 연구 주제가 되었다. 헥스는 무승부로 끝날 수 없으며 보드판 크기에 상관없이 먼저 하는 사람이 항상 이길 수 있는 전략이 있다는 사실을 처음으로 증명한 건 내시 자신이었다.

헥스나 체스, 만칼라, 틱택토를 하든, 실뜨기 놀이를 하든, 미로를 빠져나가거나 논리 퍼즐을 풀든, 플렉사곤이나 종이접기를 하든, 머리를 땋든, 모두 수학적인 것이다. 예술과 음악이 여러 가지 형태를 취하듯이 수학도 마찬가지다. 무미건조하고 어려운 주제라는 흔한 오해와 달리 수학은 흥미롭고 인간적이며, 자기도 모르게 그냥 재미로 하게 되는 놀이가 될 수 있다.

π

θ

12장

이상하고 멋진
도형

기묘함은 아름다움의 필수 재료다.

- 샤를 보들레르

♣

1968년 미국의 비행기 조종사 조셉 포트니 Joseph Portney 는 북극점 위를 날아가는 미공군 소속 KC-135에 새로운 운항 장비를 점검하는 기술자로 탑승해 있었다. 얼음으로 뒤덮인 아래를 내려다보며 포트니는 희한한 생각을 했다. 만약 지구가 다른 모양이면 어땠을까? 만약 바다와 대륙, 섬, 극지방을 원통이나 피라미드, 원뿔, 원환 위에 나타내면 어떻게 될까? 집에 돌아온 포트니는 12가지 가상의 지구를 그리고 설명을 달아 자신이 일하던 리튼 가이던스&컨트롤 시스템즈의 그래픽 예술팀에게 전달하고 모형을 만들어 달라고 했다. 1969년 리튼이 발행한 조종사와 항법사 달력에는 이 모형의 사진이 실렸다. 매달 12가지 가상의 지구를 하나씩 소개했다. 그 결과는 세계적으로 화제가 되어 각종 상을 받았고, 수많은 팬의 편지가 쏟아졌다.

포트니뿐만 아니라 수 세기에 걸친 수많은 사람이 도형과 기하학에 빠져들었다. 그 결과 우리는 놀라울 정도로 다양한 곡선과 곡면, 입체, 고차원 형태에 관해 알게 되었다. 그중에서 실제 물체로 만들 수 있는 건 일부뿐이다. 나머지는 이런저런 이유로 이 세계에는 있을 수 없고 수학적으로 가능한 모든 것의 고향인 기묘한 사고의 영역에서만 존재할 수 있다.

가브리엘의 뿔, 아이러니한 도형

어떤 도형은 상상하거나 어렵지 않지만, 여전히 겉보기에는 기이한 특성을 갖고 있다. 그런 도형 중 하나가 가브리엘의 뿔로, 17세기 초에 이탈리아의 물리학자 겸 수학자였던 에반젤리스타 토리첼리가 처음으로 연구했다고 하여 토리첼리의 트럼펫이라고도 불린다. 토리첼리는 젊은 시절 피렌체 인근 아르체트리에 있는 갈릴레오의 집에서 공부했다. 그리고 갈릴레오가 죽자 두 사람의 친구이자 후원자였던 토스카나 대공의 수학과 철학 교사 자리를 물려받았다. 토리첼리는 기압계를 발명한 업적으로 가장 유명하지만 수학에도 중요한 기여를 했는데, 특히 그 유명한 뿔의 발견은 무한의 본질에 관한 치열한 논쟁을 불러일으키는 한편 다른 이들을 즐겁게 했다. 토리첼리의 동료 수학자였던 보나벤투라 카발리에리Bonaventure Cavalieri는 다음과 같은 편지를 썼다.

기브리엘의 뿔.

가브리엘의 뿔은 1보다 큰 x값에 대한 직각쌍곡선인 곡선
$y=1/x$의 회전면이다. 회전면은 어떤 축을 중심으로 선이나 곡
선을 회전할 때 생기는 곡선을 말한다. 예를 들어 구는 지름을
축으로 원을 빙글 돌려서 얻는 회전면이다. 가브리엘의 뿔은
$x>1$일 때 $y=1/x$를 x축을 중심으로 회전했을 때 생긴다. 토리첼
리는 이 뿔의 부피가 π로 유한하지만, 표면적이 무한하다는 사
실을 알아내고 깜짝 놀랐다! 표면적이 무한한 곡면의 내부 부피
가 어떻게 유한할 수 있을까? 토리첼리는 여러 가지 방법으로
표면적이 유한함을 증명하려고 시도했지만, 실패했다.

이 아주 기이한 현상은 '페인터의 역설'이라는 개념으로 이어졌다. 가브리엘의 뿔을 채울 수 있는 페인트가 있어도 겉을 칠하는 데는 부족해 보이기 때문이다. 당연히 양이 유한한 페인트로 무한히 큰 면적을 칠할 수는 없다. 하지만 가브리엘의 뿔 안을 페인트로 채운다면 당연히 안쪽 면은 칠하고도 남을 정도가 된다. 원자와 분자로 이루어진 진짜 페인트를 사용한다면 이건 분명한 사실이다. 어느 정도부터는 뿔이 매우 좁아져서 페인트 분자가 비집고 들어갈 수 없을 정도가 된다. 따라서 페인트는 곡면의 유한한 일부만을 덮게 된다. 게다가 만약 원자가 구라고 가정하면, 원자는 오로지 한 점에서만 곡면과 만난다. 따라서 페인트가 곡면을 '덮는다'는 의미가 다소 불명확해진다. 사실 물리적인 페인트를 이용한 현실 세계의 상황에 관해 이야기하려면, 우리는 실제 뿔도 만들어야 한다. 가장 큰 문제는 뿔이 좁아지다가 어느 순간부터는 원자나 분자의 폭보다 더 좁아진다는 사실이다. 물리적인 뿔은 여기서 끝날 수밖에 없고, 부피와 표면적은 유한하게 된다.

진짜(수학적인) 뿔이야말로 토리첼리를 당황하게 만든 것이다. 이 발견에 관한 소식이 퍼져나가자 다른 수학자들도 놀라워하며 그게 무슨 의미인지 궁금해했다. 그건 다른 그 무엇보다도 '잠재적 무한(가무한)', 혹은 단순히 영원히 이어지는 무한과 뚜렷하게 다른 '완전한' 혹은 '실제' 무한이 있을지도 모른다는 사실을 암시했다. 영국 철학자 토머스 홉스Thomas Hobbes도 뿔에 관해 많은 이야기를 한 사람 중 하나였는데, 특히 뿔이 자신이 생각하는 무한과 잘 맞아떨어지지 않았기 때문이었다.

시간이 지나 더 많은 지식을 갖춘 우리는 아무런 제한 없이 얇게 바를 수 있는 특별한 수학적인 페인트를 사용하면 토리첼리 시대의 수학자와 철학자를 곤란하게 만들었던 역설이 생기지 않는다는 사실을 이해할 수 있다. 페인트의 두께는 끝없이 면적이 넓어짐에 따라 빠른 속도로 무한히 얇아져서 유한한 양의 페인트로도 무한히 넓은 곡면을 덮을 수 있다. 안타깝게도, 토리첼리는 미적분이 무대에 등장하기 직전에 살았다. 그렇지 않았다면, 눈에 보이는 뿔의 역설을 무한소라 불리는 무한히 작은 양으로 설명할 수 있다는 사실을 이해했을 것이다.

가브리엘의 뿔은 곡률이 음수라는 점에서도 흥미롭다. 그래서 유사구와 같은 다른 흥미로운 곡면과 같은 유형에 속한다. '가짜 구'라는 이름에서 알 수 있듯이 유사구와 구는 밀접한 관련이 있다. 이 둘을 갈라놓는 건 곡률의 성질이다. 구는 모든 점에서 곡률이 양수다. 즉, 곡면이 언제나 곡면 위의 한 점과 만나는 평면, 즉 접평면의 한쪽에 놓인다. 반면, 어떤 점의 곡률이 음수인 곡면은 곡면이 접평면에서 서로 다른 두 방향으로 구부러진다. 구는 모든 곳에서 곡률이 양수일 뿐만 아니라 $+1/r$(r은 구의 반지름)로 일정하다. 유사구는 정확히 반대다. 모든 곳에서 곡률이 $-1/r$로 음수다. 어떤 r값에 대해 구와 유사구는 똑같은 부피를 감싼다. 그러나 구는 닫힌 곡면으로 표면적이 유한한 반면, 유사구는 열린 곡면이고 표면적이 유한하다(면적을 놓고 이야기하면, 유사구는 더 빨리 좁아지기 때문에 가브리엘의 뿔과 차이가 있다). 유사구의 곡률이 음수라 생기는 또 다른 결과로는 곡면 위

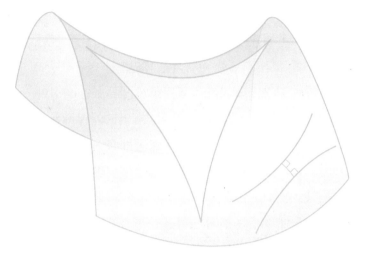

곡률이 음수인 곡면 위에서 삼각형의 내각의 합은 180도보다 작으며, 평행하게 출발한 두 직선은 서로 멀어진다.

에 그린 삼각형의 내각의 합이 180도다 작다는 사실이다. 구 위에 그린 삼각형의 내각의 합은 180도보다 크다.

곡률이 음수인 구, 유사구

구와 유사구의 곡면에 관한 기하학은 유클리드가 정한 규칙을 따르지 않는다. 그건 평면에서만 적용할 수 있다. 이 둘은 비유클리드 기하학의 사례다. 구에 관한 내용일 때는 구면(혹은 타원)기하학, 유사구에 관한 내용일 때는 쌍곡기하학이라고 한다. 알베르트 아인슈타인 이후로 과학자는 우리가 사는 공간이 공간 속의 내용물, 즉 물질과 에너지의 존재에 의해 구부러져 있다는 사실을 알고 있다. 그러나 우주에 있는 물질과 에너지의 평균 밀도에 따라 정해지는 우주의 전체적인 모양은 아직 불확실하다. 우주는 구나 유사구, 혹은 평면과 비슷한 모양일 수 있다. 오늘날 우리가 지닌 최고의 관측 데이터에 따르면 우주는 정확한 평면에 가깝다. 만약 사실이라면 이건 우주가 영원히 팽창한다는 뜻이다.

가브리엘의 뿔이 곡선 y=1/x의 일부를 회전해서 얻은 곡면인 것처럼 유사구는 추적선이라고 하는 곡선을 그 곡선이 계속 가까이 다가가지만 절대 만나지는 않는 축을 중심으로 회전해서 얻는다. 추적선은 프랑스의 클로드 페로Claude Perrault가 던진 질문에 대한 답이다. 대단한 수학자로 유명하지는 않지만, 페로는 의사였고 건축가와 해부학자로도 소소히 이름을 날리다가 낙타를 해부하던 과정에서 감염되어 특이하게도 세상을 떠났다. 추적선과 별개로 페로는 『신데렐라』를 쓴 작가의 형이라는 점에서 가장 널리 이름을 알렸다. 독일의 수학자이자 박학가였던 고트프리트 라이프니츠가 미적분을 획기적으로 발전시키고 있었던 1676,년 페로는 회중시계를 탁자 중간에 올려놓고 탁자의 가장자리를 따라 시곗줄 끝을 끌어당겼다. 그리고는 이렇게 물었다. "시계가 움직이면서 그리는 곡선은 무슨 모양일까?"

추적선과 현수선, 그리고 현수면

페로의 질문에 대한 최초의 정답은 1693년 네덜란드의 물리학자 겸 천문학자, 수학자인 크리스티안 하위헌스Christiaan Huygens가 한 친구에게 보낸 편지 속에 있었다. 하위헌스는 뭔가

를 끌고 간다는 뜻의 라틴어 tractus를 바탕으로 '추적선tractrix'이
라는 단어를 만들기도 했다(이에 해당하는 독일어는 '사냥개 곡선'이
라는 뜻의 hundkurve다. 주인이 걸어가는 동안 끈에 매달린 개가 움직이는
경로를 상상하면 말이 된다).

추적선은 현수선이라고 하는 또 다른 흥미로운 곡선과 밀접
한 관련이 있다. 현수선은 사슬을 자유롭게 늘어뜨렸을 때 생기
는 모양이다. 사실 현수선catena라는 이름도 '사슬'을 뜻하는 라
틴어 단어에서 왔다. 기둥과 기둥을 잇는 전력선 역시 현수선을
이룬다. 일정한 전기장 속을 움직이는 전하의 경로도 마찬가지
다. 현수선에서 추적선을 그리는 건 아주 간단하다. 끈의 한쪽
끝을 현수선 위의 한 점 위에 놓는다고 상상해 보자. 그 점 위에
서 끈이 접선이 되도록 끈을 잡아당긴다. 그리고 끈이 항상 팽
팽하게 유지하면서 끈을 주의 깊게 감는다. 끈의 반대쪽 끝이
따르는 경로는 추적선이 된다. 만약 원을 대상으로 똑같이 하면
그 결과는 일종의 나선이 된다(혹은 기둥에 끈으로 묶인 염소가 끝을
계속 팽팽하게 유지하면서 중심에 이를 때까지 같은 방향으로 계속 빙글
빙글 돌면서 따르는 경로를 생각해 보라). 이 두 경우에 생기는 도형
을 원래 곡선의 신개선이라고 부른다.

중심축을 따라 현수선을 돌리면 또 하나의 매혹적인 도형
인 현수면이 나타난다. 스위스 수학자 레온하르트 오일러가
1740년에 처음 소개한 현수면은 평면을 제외하면 가장 오래전
에 찾아낸 극소곡면*이다. 또, 우리가 아는 유일한 회전곡면인

---

* 임의의 폐곡선을 경계로 하는 곡면 중 넓이가 최소인 곡면

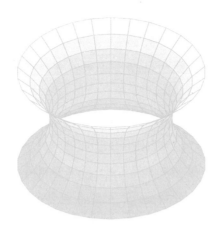

현수면.

극소곡면이고, 지름이 서로 다른 원 두 개를 같은 축을 따라 평행하게 연결하는 극소곡면이기도 하다. 10장에서 살펴보았듯이 원형 고리 두 개를 비눗물에 담갔다가 두 고리를 천천히 떨어뜨리면 현수면을 만들 수 있다.

놀랍도록 안정적인 타원, 초달걀

회전곡면 중에서 가장 놀라운 건 초달걀superegg이다. 이 이름은 덴마크의 시인이자 과학자인 피에트 하인이 지어서 널리 퍼뜨렸다. 초달걀은 특정한 종류의 초타원*을 회전하면 생긴다. 평범한 타원의 방정식은 $(x/a)^2+(y/b)^2=1$으로, a는 타원의 장

....

* 평범한 타원과 모서리가 둥근 사각형 사이에 있는 도형

축 길이의 절반이고, b는 단축 길이의 절반이다. 19세기에 프랑스 수학자 가브리엘 라메Gabriel Lamé는 그보다 일반적인 방정식 |x/a|ⁿ+|y/b|ⁿ=1에 의해 생기는 곡선 무리를 연구했다. 여기서 수직선은 '절댓값'(수직선 사이에 있는 값에서 부호를 없앤 양)을 뜻하며, n은 0보다 크다. 자연히 이 곡선 무리에는 라메 곡선이라는 이름이 붙었다. 타원은 n=2일 때의 라메 곡선이다. 꼭짓점이 네 개인 별 모양은 아스트로이드라고 불리며, n=2/3일 때 나오는 결과다. n이 2보다 큰 모든 라메 곡선은 초타원으로 불린다. 초달걀은 n=2.5이고 a/b=6/5인 초타원의 회전곡면이다. 초타원은 나무와 같은 재료로 물리적인 실제 모형을 만들어 보면 그 신기함을 더 쉽게 느낄 수 있다. 피에트 하인이 지적했듯이 어느 한쪽 끝을 밑으로 해서 세운 초달걀은 특이하고 놀라울 정도로 안정적이다. 갖고 놀아도 만족스러울 정도다. 1960년대에는 금속이나 나무, 기타 재료로 만든 초달걀이 신기한 물건으로 팔렸고, 특히 작은 철제 초달걀은 사무실용 장난감으로 팔렸다. 현재 여러분도 피에트 하인의 웹사이트에서 멋진 회색 가죽 주머니까지 있는 스테인리스 스틸 초달걀을 주문할 수 있다. "차가운 철과 부드러운 곡선의 조합은 만지작거리며 스트레스를 푸는 데 완벽하다"고 한다. 혹은 세계 최대의 초달걀을 찾아가 볼 수도 있다. 글라스고의 켈빈 홀 외부에는 그곳에서 하인이 강연했던 일을 기념하기 위해 1971년부터 강철과 알루미늄으로 만든 1톤짜리 초달걀을 전시하고 있다.

　초달걀의 역사는 스톡홀름의 도시계획가들이 스톡홀름의 광장 중에서 가장 중심부에 있는 세르엘 광장의 재디자인을 끝내

려던 1959년으로 거슬러 올라간다. 자동차가 빙글 돌아가는 회전도로 가운데에 기념비를 둘러싼 분수를 설치하기로 결정이 되어 있었다. 분수의 형태를 궁리하던 프로젝트의 수석 디자이너는 친구인 피에트 하인에게 물었고, 하인은 곧바로 '끊임없이 변하는 구부러진 모양'이라는 아이디어를 냈다. 앞서 언급했던 방정식으로 만든 초타원이었다. 영리한 하인은 훗날 자신의 특별한 초타원을 입체로 만들어 신기한 장난감으로 인기리에 팔았고, 결국 그건 하인에게 황금알이 되었다.

그러나 이 초타원의 유명세는 스웨덴 수도의 도로에 둘러싸인 섬에서 끝나지 않았다. 초달걀은 당시 스칸디나비아의 탁자와 1960년대의 일반적인 현대식 탁자의 상징적인 모양이 되었다. 베트남 전쟁 때 양쪽 진영의 협상단이 파리의 회의 때 쓸 탁자의 모양에 동의하지 못했을 때도 결국 이 초타원으로 합의를 보았다. 좀 더 큰 규모에서는 1968년 멕시코시티 올림픽의 메인 스타디움의 형태로 선택받기도 했다.

세상에서 가장 희한한 물체

평평한 표면에 내려놓으면 항상 똑같은 자세가 되는 곡선형 물체를 만드는 건 쉽다. 한쪽 끝에 무게를 더하기만 하면 된다. 초달걀은 특별하고 재미있다. 안에 어떤 조작을 가하지 않아도 그렇게 되기 때문이다. 초달걀의 재료는 전체적으로 밀도가 고르다. 이보다 더 놀라운 안정성을 보여주는 도형이 있는데, 그건 세상에서 가장 희한한 물체로 불린다. 일단 이름은 확실히 희한하다. 굄뵈츠다. '구'를 뜻하는 헝가리어 단어(구와 비슷한 특성이 있기 때문이다)에서 나온 이름이다. 1995년 굄뵈츠의 존재를 처음으로 추측한 사람은 러시아 수학자 블라디미르 아르놀트Vladimir Arnold다. 굄뵈츠의 정의는 평면 위에서 안정한 균형점과 불안정한 균형점이 단 하나씩 있는 볼록한 3차원의 균일한 (전체적으로 밀도가 같은) 물체다. 즉, 평면 위에 놓을 때 단 한 가지 자세를 제외하면 어떻게 놓아도 계속 움직이다가 하나밖에 없는 안정한 균형점을 찾는다는 뜻이다. 유일한 예외는 불안정한 균형점이다. 이때는 아주 살짝만 힘을 가해도 균형이 무너진다. 굄뵈츠가 신화적인 괴물 따위가 아니라 현실 세계에도 여러 가지 형태로 존재할 수 있다는 사실은 2006년 헝가리의 수학자 겸 공학자 도모코시 가보르Domokos Gábor와 제자인 바르코니 페테르Várkonyi Péter가 증명했다.

괴뵈츠

겉보기에 괴뵈츠는 별로 대단해 보이지 않는다. 바닥은 완만하게 곡선을 그리고 있고 그 주위에는 평면에 가까운 옆면이 있다. 옆면은 위쪽에서 만나 구부러진 등성이를 이룬다. 구부러진 바닥을 아래로 해서 내려놓으면 아마 앞뒤로 구르다가 안정한 점에서 멈출 것이다. 만약 평평한 옆면을 아래로 내려놓으면 궁극적으로 아까와 똑같은 자세에 도달하는데, 좀 더 느릿느릿하고 마치 살아있는 듯한 움직임을 보인다. 먼저 천천히 앞뒤로 구르다가 잠시 멈춘다. 그리고 이어서 빠르게 진동하듯 구르다가 안정적인 균형점에 도달해 자세를 다시 바로잡으면 멈춘다.

오늘날 괴뵈츠는 여러 곳에서 살 수 있다. 하지만 가격이 저렴하지 않고 일정하게 스스로 돌아오는 능력도 만듦새와 재료에(보통 무거운 재료일수록 더 뛰어나다) 따라 다르다. 예를 들어 손에 쥘 수 있는 크기일 경우 비례가 100분의 1mm, 혹은 머리카

락의 굵기의 10분의 1 이내로 정확해야 제대로 작동한다. '뉴욕 타임스 매거진'은 꿈뵈츠를 2007년의 가장 흥미로운 아이디어 70가지 중 하나로 뽑았고, 몇 년 뒤 꿈뵈츠는 BBC의 인기 퀴즈 쇼 〈QI〉에 등장하며 더 큰 유명세를 얻었다. 진행자였던 스티븐 프라이 Stephen Fry가 이 진기한 물건을 보여준 뒤에 관객 속에 있던 도모코시 가르보가 생겨난 과정을 설명했다. 그리고 거북과의 관계도.

거북은 사고나 싸움으로 인해 뒤집힐 경우 큰 난관에 처할 수 있는 동물이다. 그래서 다시 뒤집을 수 있는 능력이 생존에 필수적이다. 일부, 특히 등껍질이 평평한 거북은 긴 다리와 목을 지렛대처럼 이용해 다시 뒤집는다. 하지만 등껍질이 좀 더 둥근 거북은 다른 전략을 써야 한다. 꿈뵈츠 연구에 성공한 이후 도모코시와 바르코니는 부다페스트 동물원에서 1년 동안 거북 여러 종의 등껍질 모양을 분석했다. 두 사람이 꿈뵈츠 기하학의 관점으로 거북의 몸 형태와 다시 뒤집는 능력을 설명한 결과는 아직 논쟁의 대상이지만 몇몇 생물학자에게 받아들여졌다.

회전에 얽힌 도형들

오래전부터 알고 있던 몇몇을 포함한 다른 도형은 형태와 회전을 조합해 안정성을 획득한다. 이런 도형 중에서 가장 눈에 띄는 건 수천 년 전부터 존재했으며 이집트에서 켈트에 이르기까지 다양한 문화권에서 다양한 이름으로 나타났다. 래틀백, 켈트, 워블스톤 등 다양한 이름으로 불리는 그 도형은 바닥은 곡선이고 위는 타원 비슷한 배 모양이다. 어느 한 방향으로 돌리면 몇 바퀴 돌아가다가 양 끝이 바닥에 부딪히며 덜그럭거리다가 반대 방향으로 회전한다. 반대 방향으로 돌리면 계속 그 방향으로 돌아가다가 멈춘다. 이 놀라운 현상은 바닥이 완전한 대칭이 아니라는 사실 때문에 생긴다. 한쪽이 다른 쪽보다 더 높은 것이다.

회전은 또 다른 퍼즐, 이번에도 수학자와 물리학자 또는 공학자 모두에게 흥미로운 퍼즐의 핵심이다. 가령 여러분이 굴림대로 쓸 수 있는 2차원 도형이 필요하다고 하자. 그 도형은 굴러가는 동안 폭이 일정해야 한다. 그렇지 않으면 그 위에 올라타고 있는 게 위아래로 오르락내리락할 것이다. 당연히 원이면 된다. 사실 언뜻 생각하면 원이 유일하게 가능한 도형일 것 같다. 하지만 놀랍게도, 다른 도형도 있다. 가장 간단한 건 어떤 유형의 운동을 다른 유형의 운동으로 바꾸어 주는 기계를 개발한 독일의 기계공학자 프란츠 뢸로Franz Reuleaux의 이름을 딴 뢸로 삼각형이다. 뢸로 삼각형을 만들려면 정삼각형에서 출발해 한 꼭짓점을 중심으로 다른 두 꼭짓점을 지나는 원호를 그린다. 세 꼭짓점 모두에 대해 이렇게 하면 변이 곡선이고 폭이 일정한 삼각형을 얻을 수 있다. 뢸로 삼각형은 원 못지않게 굴림대 역할을 제대로 해낸다. (하지만 일정한 지름 못지않게 일정한 반지름이 중요한 바퀴에 쓰기에는 썩 좋지 않다.)

폭이 일정한 다른 곡선과 마찬가지로 뢸로 삼각형은 훌륭한 맨홀 뚜껑이 된다. 맨홀 뚜껑이 가져야 할 중요한 성질은 움직이거나 어긋났을 때 아래로 떨어지지 않아야(가령 정사각형 뚜껑

은 떨어진다) 한다는 것이다. 하지만 뢸로 삼각형이 가장 독창적으로 쓰인 곳은 드릴 비트. 펜실베니아의 공구 제조업체 와츠 브라더스는 뢸로 삼각형을 바탕으로 한 드릴 비트를 발명했는데, 이것으로 (거의) 정사각형 구멍을 뚫을 수 있다! 구멍의 네 변은 거의 완벽한 직선이다. 다만 뢸로 삼각형은 내각이 120도라서 모서리로 완전히 비집고 들어갈 수 없기 때문에 모서리는 둥근 모양이다.

뢸로 삼각형은 다른 다각형으로도 확장할 수 있다. 예를 들어 비슷한 방법을 사용하면 뢸로 오각형과 뢸로 칠각형을 만들 수 있다. 뢸로 칠각형은 영국에서 유독 낯이 익다. 영국의 20펜스와 50펜스짜리 동전이 뢸로 칠각형 모양이다. 폭이 일정한 곡선을 사용하는 건 어느 방향으로 넣든 자동판매기 안에 잘 맞아야 하기 때문이다. 그리고 원과 뚜렷하게 다른 특이한 모양은 위조하기 훨씬 더 어렵다.

3차원에서 희한한 굴림 특성이 있는 도형으로는 1979년 이스라엘의 장난감 개발자 다비드 허시David Hirsch가 발견한 스피어리콘이 있다. 뢸로처럼 허시도 특정 움직임을 보이는 장치를 만드는 게 목적이었다. 이 경우에는 끌고 다니는 장난감이 어기적거리며 움직이게 만들려 했다. 1980년 허시는 자신의 발명품에 대해 특허를 신청했고, 다음 해에 플레이스쿨 컴퍼니가 허시의 발견을 바탕으로 만든 장난감 '뒤뚱뒤뚱 오리'를 판매하기 시작했다.

스피어리콘을 만들려면 직원뿔로 시작해야 한다. 직원뿔이란 바닥이 원이고 꼭대기의 내각이 90도인 원뿔을 말한다. 이제 두 원뿔을 붙여서 이중 원뿔을 만든다. 꼭대기의 내각이 90도이므로 옆에서 보면 정사각형처럼 보인다. 이제 두 꼭짓점 모두를 포함하는 평면을 가지고 수직으로 자른다. 그러면 똑같이 생긴 두 부분으로 나뉘는데, 각각의 단면은 정사각형이다. 이다음이 중요한 단계다. 두 반쪽 중 하나를 90도로 돌린 뒤 둘을 다시 붙인다. 짜잔! 이제 스피어리콘을 손에 넣었다.

스피어리콘에는 몇 가지 특이한 성질이 있다. 항상 원을 그리며 구르는 평범한 원뿔이나 이중 원뿔과 달리 스피어리콘은 직선으로 구를 수 있다. 물론 원뿔 형태의 옆면 때문에 완벽한 직선이라기보다는 살짝 굽이치는 선이다. 만약 스피어리콘이 두 개 있다면, 평면 위를 잘 굴러가듯이 서로 맞물려 구를 수 있다. 실제로 스피어리콘 하나를 스피어리콘 여덟 개로 둘러싸면, 여덟 개가 동시에 가운데 것을 중심으로 구를 수 있다.

그러나 지금까지 이야기한 도형은 모두 실제로, 적어도 비슷하게는 만들 수 있다. 물론 무한히 뻗어나가는 가브리엘의 뿔이나 유사구의 완전한 모형을 만들 수는 없다. 하지만 유한한 모형을 만든 뒤 그게 영원히 뻗어나간다고 생각하면 된다. 그러나 성질이 너무나 기묘하고 터무니없어서 물리적으로 그 본질을 절대 나타낼 수 없는 수학적인 도형도 있다. 그런 수학의 이단자 중 하나가 이른바 병적 도형pathological shapes이다. 이들의 성질은 흔히 직관을 무시한다. 그중에서도 가장 기묘한 건 알렉산더의 뿔 달린 구라는 구조다.

1920년대 초에 그것을 처음 설명한 프린스턴대학교의 수학자 제임스 알렉산더의 이름을 딴 뿔 달린 구는 위상수학에서 말하는 '거친' 구조의 한 사례다. 뿔 달린 구의 내부는, 적어도 위상수학자의 눈으로 볼 때, 구와 전혀 다를 게 없다. 이는 그 구조가 간단하게 연결되어 있으며 자르거나 구멍을 뚫지 않고 평범한 구로 모양을 바꿀 수 있다는 뜻이다. 그러나 바깥쪽은 이야기가 전혀 다르다. 바로 여기서 뿔이 등장한다. 외부에서 보면 뿔 달린 구는 반지름이 점점 줄어들면서 서로 반복적으로 맞물리는 무한히 많은 고리로 이루어져 있다. 뿔 안에 뿔이 있고, 그 안에 또 뿔이 있는 식으로 영원히 이어진다. 이 기괴한 도형은 내부가 단순한 구와 같아도 외부는 무한히 복잡하다. 만약 고무줄을 아무 뿔 아래쪽에 두른다면 무한히 많은 단계를 거쳐도 구조물에서 고무줄을 빼낼 수 없다. 뿔 달린 구는 만드는 게 불가능하지만, 미국 조각가 기디온 와이즈Gideon Weisz는 그와 비슷한 모형을 여럿 만들었다.

그리스의 위대한 사상가인 플라톤의 철학에서 플라톤의 이름을 딴 네 가지 정다면체는 네 가지 기본 원소와 관련이 있다. 정육면체는 흙, 정팔면체는 공기, 정사면체는 불, 정이십면체는 물이다. 다섯 번째 플라톤 정다면체인 정십이면체는 에테르나 퀸테센스(제5원소) 등으로 다양하게 불리는 천상의 원소와 다소 느슨하게 연관되어 있다. 시간이 훨씬 더 지난 뒤에 요하네스 케플러는 똑같은 플라톤 정육면체를 당시에 알고 있던 지구 외의 다섯 행성과 짝지었다. 오늘날 우리의 과학적인 세계관은 과거보다 훨씬 더 정교하다. 그럼에도 기하학적 도형과 기본적인 물리학 사이의 깊은 연관성을 추측해 볼 여지는 있다. 놀랍게도, 최근 과학자들은 진폭다면체amplituhedron라고 하는 면이 많은 보석을 닮은 다차원 물체의 부피가 기본 입자의 상호작용을 설명하는 복잡한 방정식의 해답을 끌어낸다는 사실을 알아냈다. 평범한 방법으로 이런 방정식을 풀면 초고속 컴퓨터를 사용한다 해도 상황에 따라 너무 시간이 오래 걸릴 수 있다. 그러나 진폭다면체에 바탕을 둔 계산은 연필과 종이만 가지고도 할 수 있다. 새로운 아이디어를 발전시킨 물리학자 중 한 사람인 하버드대학교의 제이콥 버제일리Jacob Bourjaily에 따르면, "머리가 어질할 정도로 효율성이 높다."

진폭다면체나 그와 비슷한 결정 같은 몇몇 물체는 과학의 가장 커다란 수수께끼 중 하나를 이해하는 열쇠를 쥐고 있을지도 모른다. 바로 중력과 양자물리학의 조화다. 입자의 상호작용에 관한 새로운 기하학적 접근법은 수학을 단순화할 뿐만 아니라 우리가 사물의 본질에 관해 생각하는 방식을 바꿔야 한다는 사실을 암시한다. 진폭다면체를 이용하면 공간과 시간, 그리고 시공간이라는 무대 위에서 펼쳐지는 입자의 움직임은 환영으로 보인다. 중요한 건 변화(입자의 충돌과 산란, 거리와 시간을 두고 작용하는 힘)가 아니라 시간과 무관한 특정한 형태의 구조다. 이 놀라운 새 관점에 따르면 물리적 현실은 우리가 그 존재를 이제 막 깨닫기 시작하고 있는 기묘하고 놀라운 구조로부터 나온다.

13장

위대한
미지의 세계

수학에서 과거에 이루어진 실수나 해결되지 않는 어려움은 언제나 미래를 향한 기회가 되었다.

- E. T. 벨

미해결 문제의 유혹은 수학에 활력을 불어넣는다. 누구나 재미있는 수수께끼를 좋아하고 우리 대부분은 스도쿠나 논리 퍼즐, 미로와 같은 머리를 쓰게 만드는 문제를 수학자도 다를게 없다. 수학에 대한 호기심이 다른 이들보다 더욱 깊을지도 모른다는 점만 빼면 말이다. 신기한 수나 색다른 기하학, 추상대수학이라는 미지의 영역으로 떠나는 모험은 강력한 지적 최음제가 될 수 있음을 보여준다. 그리고 미지의 수학 세계로 파고드는 여행은 끝날 걱정이 없다. 어떤 문제의 해답이 새로운 문제를 만들거나 완전히 새로운 수학 분야를 열어젖히는 일은 아주 흔하다.

고대 그리스인은 기하학을 유독 좋아해 세 가지 기하학 수수께끼에 특별히 집착했다. 이 미해결 문제 세 가지는 모두 작도와 관련이 있었는데, 직선자와 컴퍼스만 이용해야 했다. 이 간단한 도구 두 개만 가지고도 놀라울 정도로 많은 일이 가능하다. 가령 선분을 어떤 정수비로도 나눌 수 있고, 다양한 정다면체를 그릴 수도 있다. 후자 중에서는 정삼각형과 정사각형이 가장 쉬웠지만, 그리스인은 정오각형과 정십오각형, 그리고 변의 개수가 작도 가능한 기본 정다각형의 두 배인 다각형도 그릴 수 있었다. 예를 들어, 직선자와 컴퍼스만 이용해 정십오각형을 가지고 정삼십각형이나 정육십각형을 그릴 수 있었다. 그러나 세 가지 작도 문제만은 어떤 공격에도 끈질기게 저항했다.

세 가지 고전 작도 문제

각의 삼등분은 이 어려운 난제들 중의 하나다. 임의의 각이 있을 때 직선자와 컴퍼스만 이용해 이를 삼등분하는 게 가능할까? 직각(90도) 같은 일부 각은 이런 방식으로 쉽게 삼등분할 수 있다. 하지만 그리스인은 몇몇 특별한 사례를 제외하면 아무리 노력해도 각을 삼등분하기 어렵다는 사실을 알아냈다. 눈금이 있는 자와 컴퍼스를 쓸 수 있다면 – 이를 뉴시스('어느 방향으로 기울어지는'이라는 뜻의 그리스어 neuein에서 유래) 작도라고 한다 – 가능했다. 하지만, 일부 예외를 빼면, 눈금 없는 직선자로는 할 수가 없었다.

그리스인이 막혔던 두 번째 기하학 문제는 '원과 넓이가 같은 정사각형 작도하기'였다. 어떤 원이 있을 때 마찬가지로 직선자와 컴퍼스만 써서 원과 넓이가 같은 정사각형을 작도하는 게 가능할까? 기원전 5세기에 키오스의 히포크라테스가 특정 활꼴(원호 두 개로 이루어진 초승달 모양)의 넓이가 삼각형과 같다는 사실을 증명하면서 풀이에 다가가는 듯했다. 히포크라테스가 얻은 결과는 변이 곡선인 도형과 넓이가 똑같은 삼각형을(그리고 좀 더 공을 들이면 정사각형도) 작도하는 게 가능하다는 사실을 보였다. 하지만 누구도 이 결과를 원과 같은 넓이의 정사각형을 작도하는 데까지 확장하지 못했다.

세 번째 고전 작도 문제는 '어떤 정육면체가 있을 때 부피가 두 배인 정육면체 작도하기'였다. 어떤 정육면체가 있을 때 두 가지 단순한 도구만 가지고 부피가 두 배인 정육면체를 작도할 수 있을까? 이번에도 그리스인은 눈금 있는 자로는 가능하지만 그렇지 않고서는 어렵다는 사실을 알아냈다. 여기서 한 발짝 앞으로 더 나가기까지는 2,000년이 걸렸다. 그리고 돌파구를 찾은 건 그리스인이 전혀 모르던 수학의 새로운 분야 덕분이었다.

1796년 아직 십대였던 위대한 독일 수학자 카를 가우스는 정십칠각형(이를 확장해 34, 51, 68 등 변의 개수가 17의 배수인 정다각형까지)을 작도하는 방법을 찾아냈다. 정칠각형과 정구각형 등 자신이 사용한 기법으로 그릴 수 없는 다각형도 알아낼 수 있었다. 게다가 가우스의 방법으로도 그리스의 세 가지 고전 문제를 풀 수 없다는 사실이 드러났다. 한동안 다른 새로운 방법으로 그리스의 기하학자들이 찾아 헤매던 답을 구할 수 있을지도 모른다는 가능성이 남아있었다. 그러나 몇십 년 뒤 그 희망은 이름을 아는 사람이 별로 없는 프랑스 수학자 피에르 방첼Pierre Wantzel의 손에 영원히 날아가 버렸다.

방첼은 자기 관리를 제대로 하지 못한 탓에 단명했는데, 사후에 한 동료 수학자는 이렇게 기록했다. "보통 그 친구는 밤에 늦게까지 잠도 자지 않고 일을 했다. 그리고 책을 읽다가 편치 않은 잠을 고작 몇 시간 잤다. 커피와 아편을 번갈아 남용했고, 불규칙하게 식사를 했으며…." 방첼을 가장 유명하게 만든 건 1837년 각의 삼등분과 부피가 두 배인 정육면체를 작도하는 게 불가능하며 가우스의 방법으로 직선자와 컴퍼스만 사용해 작도할 수 있는 모든 도형을 작도할 수 있다는 사실을 확실하게 증명했던 일이다. 이 문제에 관해 더 이상의 발전은 전혀 가망이 없었다.

데카르트 좌표계와 고전 기하학 문제 증명

이 세 고전 기하학 문제에 도전한 가우스와 방첼은 모두 두 프랑스 수학자 르네 데카르트와 피에르 드 페르마가 1630년대에 개척한 수학 분야에 의존했다. 한 점을 x축과 y축 위의 값으로 나타내는 데카르트 좌표계가 그것이다. 오늘날 해석기하학으로 불리는 이 분야는 한 평면 위의 어떤 점도 두 수로 나타낼 수 있다는 전제에서 시작한다. 역사가는 기원전 4세기 그리스의 메나이크모스Menaechmus와 페르시아의 수학자이자 천문학자, 시인이었던 오마르 하이얌Omar Khayyam을 선구자로 본다. 하지만 대수학을 이용해 기하학을 나타낼 수 있다는 아이디어가 꽃을 피우는 건 수많은 과학적 발견이 그랬듯이 서유럽에서 르네상스의 여명이 밝은 뒤에야 가능했다.

해석기하학의 핵심은 특정한 거리를 다항식의 근으로 나타낼 수 있다는 점이다. 다항식(항이 여러 개인 식이라는 뜻)은 4x+1이나 2x²-3x-5, 5x³+6x-1과 같은 표현을 말한다. 다시 말해, 상수 (1이나 -8 같은)와 변수(x나 y 같은), 지수(x²에서 2와 같은)를 포함한 항의 조합이라는 뜻이다. 다항식의 근은 다항식을 0으로 만드는 변수의 값 또는 값들을 말한다. 예를 들어, 다항식 x²+x-2의 근은 1과 -2다. 이 두 수를 x에 대입하면 0이 되기 때문이다. 해석기하학에서 다각형을 작도하는 문제는 어떤 다항식이 직선자와 컴퍼스를 사용해 작도할 수 있는 거리에 해당하는 근을 갖는지를 결정하는 문제가 된다. 가우스는 다항식의 차수(다항식에서 가장 높은 x의 지수)가 2의 제곱꼴인 모든 거리를 작도하는 방법을 찾아냈다. 정십칠각형은 차수가 16인 다항식이 나오므로 작도 가능하다.

방첼은 가우스의 방법을 이용해 각의 삼등분과 부피가 두 배인 정육면체를 작도하는 게 불가능하다는 사실을 증명했다. 이 둘은 3차 다항식(차수가 3인 다항식)이 나오기 때문이었다. 방첼의 증명은 수학자가 이 문제를 풀 수 있는 다른 방법을 이제 그만 찾아도 된다는 뜻이었다. 앞으로 얼마나 더 발전하든 그리고 아무리 많은 방구석 이론가와 괴짜가 해답을 찾아냈다고 주장하든 그런 건 있을 수 없었다.

그러면 '원과 넓이가 같은 정사각형 작도하기'만 불확실한 상태에 남는다. 눈금 없는 자와 컴퍼스만 사용해 이것을 작도할 수 있으려면 원의 지름에 대한 둘레의 비율 파이(π)가 2차 다항식의 근이 되어야 했다. 아무리 17세기라고 해도 이건 거의 불가능하다고 보았다. 1882년 페르디난트 린데만Ferdinand Lindemann이 파이가 초월수, 즉, 어떤 다항식의 근도 아닌 수라는 사실을 증명하면서 원과 넓이가 같은 정사각형을 작도할 수 있을지도 모른다는 희망은 완전히 사라졌다.

이제 우리는 3대 작도 문제를 모두 풀려고 했던 그리스인의 시도가 애초에 실패할 운명이었음을 알고 있다. 그저 당시에는 이 문제를 해결할 도구를 갖고 있지 않았던 것이다. 고대 그리스인이 가장 가까운 별까지의 거리나 원자의 존재를 증명할 수 없었던 것과 다를 바 없다. 사실 우리는 지나고 난 뒤에야 우리의 지식에 결정적인 구멍이 있어서 문제를 풀 수 없었음을 깨닫곤 한다. 그 구멍은 쉽게 메울 수 있을 정도로 얕을 수도 있고, 기술에 비유하자면 고대에 날개를 달고 하늘을 날려 했던 사람과 아폴로 우주비행사의 차이처럼 입이 떡 벌어질 정도로 깊을 수도 있다. 흥미롭게도 어쩌면 가장 유명하며 최근까지도 미해결 상태였던 수학 문제는 아마 후자에 해당할 것이다. 하지만 우연히 발견된, 수 세기 전에 손수 적은 짧은 글귀 때문에 우리는 더 간단한 풀이가 없다고 100퍼센트 확신할 수는 없다.

페르마의 마지막 정리

1637년 그리스 수학자 디오판토스Diophantus가 쓴 책『산학』을 읽던 피에르 드 페르마는 한쪽 구석에 수 세기 동안 수학자들을 감질나게 한 글귀를 적어놓았다. 그 글귀는 페르마 사망 20년 뒤에야 아들이 우연히 발견했다. 거기서 페르마는 a, b, c, n이

양의 정수이고 n이 2보다 클 때 방정식 $a^n+b^n=c^n$을 만족하는 해가 없다고 주장했다. 게다가 자신은 이 사실을 증명했지만, 책의 여백이 부족해 적지 못했다고 말했다. 페르마는 정말 올바른 증명을 완성했을까? 사실은 틀렸지만 자신은 그게 완전한 증명이라고 생각했던 걸까? 아니면 뭔가 알고 있는 척해서 완전히 풀릴 때까지 다른 수학자가 도전하도록 그냥 농담으로 적었던 걸까?

페르마의 마지막 정리(사실은 추측일 뿐이지만)로 불리게 된 이 주장은 쉽게 설명할 수 있고, 페르마 자신도 n=4일 때의 경우를 증명해서 발표함으로써 초기의 중요한 진전을 이루어냈다. 그러나 n이 1만 커져도 증명은 놀라울 정도로 어려워졌다. 페르마의 시대에서 한 세기 이상 뒤인 1770년 레온하르트 오일러는 n=3일 때의 경우를 증명했다. 1825년에는 프랑스의 아드리앵-마리 르장드르Adrien-Marie Legendre와 페터 디리클레Peter Dirichlet가 n=5일 때의 경우를 증명했다. 그리고 이후 많은 다른 수학자가 특정 지수에 관해 이 문제를 증명하려고 도전했다. 마침내 컴퓨터가 이 전장에 등장하면서 n은 점점 커졌다. 1993년 초가 되자 컴퓨터로 힘들게 계산한 결과 n이 400만 이하일 때에 대해서는 페르마의 마지막 정리가 성립한다는 사실이 드러났다. 일상적인 기준이라면 페르마의 마지막 정리가 일반적으로 옳다고 가정할 만한 결과로 보일지도 모른다. 하지만 수학자는 증명을 원한다. 모든 경우에 적용할 수 있는 엄밀하고, 반박할 수 없고, 영구적인 증명을. 마침내 모습을 드러낸 증명은 누구도 예측하지 못한 방향에서 나타났다.

1955년에서 1957년 사이 일본의 두 수학자 타니야마 유타카 Taniyama Yutaka와 시무라 고로Shimura Goro는 겉보기에 서로 아주 달라 보이는 두 수학 분야가 이어질지도 모른다고 주장했다. 그 둘 중 하나는 타원곡선(혼란스럽게도, 타원이 아니다)으로 특정 유형의 삼차방정식으로 정의할 수 있는 곡선이었다. 예를 들어, $y^2=x^3+5x-2$라는 방정식을 그래프로 그리면 타원곡선이 나온다. 타니야마와 시무라의 연구와 관련된 또 다른 분야는 모듈러 형식이라고 불린다. 모듈러 형식은 내부에 정교한 부품이 있는 시계처럼 타원곡선에 어떤 수를 할당해주는 수학적 기계라고 생각할 수 있다. 이른바 타니야마-시무라 추측은 서로 달라 보이는 수학의 두 영역을 이어주고 있기 때문에 최소한 이 추측을 이해한 수학자들에게는 심오한 의미가 있어 보였다. 하지만 훨씬 더 큰 주목을 받게 된 건 1986년 독일 수학자 게르하르트 프라이Gerhard Frey가 타니야마-시무라 추측의 증명이 페르마의 마지막 정리의 증명을 의미할지도 모른다고 주장하면서부터였다. 유일한 함정은 타니야마-시무라 추측을 증명하는 게 미친 듯이 어렵다는 사실이었다. 심지어 몇몇 수학자는 불가능하다고도 생각했다. 7년 뒤 영국 수학자 앤드루 와일스Andrew Wiles가 증명을 발표하면서 그런 비관적인 생각은 날아가 버렸다. 비록 간과했던 중대한 오류 하나를 고치는 데 18개월이 걸렸지만, 와일스는 하루아침에 수학계의 유명인사가 되었고 이 소식은 전 세계적으로 언론의 머리기사를 장식했다(수학자가 이런 대접을 받는 건 흔치 않은 일이다). 얼마 뒤에는 기사 작위도 받았다. 와일스는 언제까지나 페르마가 옳다는 사실을 밝힌 인물로 기억되겠지만,

사실 그보다 훨씬 더 큰 업적은 타니야마–시무라 추측의 한 사례를 증명한 일이다. 이는 곧 이 훨씬 더 심오한 주장의 완전한 증명으로 이어졌다.

고로 시무라는 자신의 이름을 가장 널리 알린 연구가 수학에 영원히 남는 모습을 생전에 볼 수 있었다. 하지만 와일스의 위대한 논문의 핵심을 제공한 그 추측의 아이디어를 처음 제공했던 동료인 타니야마는 그렇지 못했다. 8장에서 우리는 강도 높은 수학 연구가 이미 취약해진 사람에게 어떤 비극적인 결과를 가져올 수 있는지 살펴보았다. 1958년 11월 약혼한 상태로 도쿄대학교에서 조수로 일하고 있었고 프린스턴 고등과학원이라는 명망 있는 연구소에 초청까지 받아 놓았지만, 타니야마는 31살의 나이로 스스로 목숨을 끊었다. 유서에는 이렇게 쓰여 있었다.

이제까지만 해도 나는 자살하겠다는 마음이 확실하지 않았다. 하지만 꽤 많은 사람은 최근 내가 육체적으로나 정신적으로나 지쳐 있었다는 사실을 눈치 챘을 것이다. 내 자살 이유에 관해서라면 나 자신도 잘 이해가 되지 않는다. 하지만 어떤 특별한 사건이나 특정 문제 때문인 것은 아니다. 그저 정신적으로 내 미래에 대한 자신감을 잃은 상태라고나 할까.

한 달 뒤 약혼녀였던 미사코 스즈키 역시 자살하면서 이 비극은 배로 커졌다. 갈릴레오가 양자역학을 개척할 수 없었듯이 페르마도 와일스의 증명을 400년 전에 생각해 내지 못했다. 4세기에 걸쳐 최고 수준의 수학자들이 페르마가 사용할 수 있었던 모든 방법을 동원해서 시도하고 실패했다는 사실을 생각하면 페르마가 더 간단한 증명을 찾아냈을 가능성도 별로 없어 보인다. 또, 간단한 추론에서 실수를 찾아내지 못할 정도의 수학자도 아니었다. 따라서 가장 그럴듯한 시나리오는 그냥 장난을 쳤다는 것이다. 어쩌면 다른 이들이 그 문제를 더 깊이 생각해보도록 유도하기 위해서였을지도 모른다. 만약 그랬다면, 계획은 성공이었다.

칸토어의 연속체 가설

오랜 미해결 문제가 풀리고 수학자가 수학의 미개척 영역으로 더 깊숙이 밀고 들어가게 되면서 자연히 이런 질문이 떠오른다. 언젠가 알고자 하는 모든 것들을 알아낼 수 있을까? 19세기 후반 몇몇 과학자는 자연의 근본 원리를 뉴턴 역학과 맥스웰의 전자기학으로 이해할 수 있다고 생각하기 시작했다. 심지어 1878년 독일 물리학자 필리프 폰 욜리 Philipp von Jolly 는 "이 분야에서는 거의 모든 게 발견되어서 남은 할 일이라고는 별로 중요하지 않은 몇 가지 구멍을 메우는 것뿐"이라며 한 학생에게 물리학을 하지 말라고 조언하기도 했다. 다행히 문제의 그 학생은 결국 물리학에 뛰어들었는데, 그 학생의 이름은 막스 플랑크였다.

20세기 초에는 수학에서도 이제 거의 끝나갈지 모른다는 비슷한 분위기가 있었다. 위대한 독일 수학자 다비트 힐베르트 David Hilbert 는 모든 수학이 필연적으로 올바르게 선택한 공리

집합에서 나오게 되어 있다는 사실을 증명하기 위한 프로젝트를 제안했다. 이보다 앞선 1900년 힐베르트는 산술의 공리화를 포함해 도전해야 할 23가지 미해결 문제 목록을 발표했다. 일반적으로 힐베르트의 목록은 한 개인이 정리한 내용으로서는 가장 세심하고 영향력이 크다고 할 수 있다. 이것은 다음 세대 수학자들의 엄청난 연구에 자극제가 된 것이 분명하다.

23가지 문제 중에서 10개는 완전히 풀렸다고 할 수 있다. 부분적으로 풀렸거나 어떤 가정에서 출발했는지에 따라 결과가 달라지는 상태에 있는 게 일곱 문제 더 있다. 힐베르트의 목록에서 맨 앞에 있는 두 문제도 이 두 가지 분류에 속한다. 둘 다 무한과 우리가 사용하기로 한 수학 체계의 기반을 건드리는 문제다.

앞선 1870년대 독일 수학자 게오르그 칸토어는 무한의 크기가 서로 다르다는 사실을 보였다. 특히 자연수 집합(1, 2, 3, …)이 실수(수직선 위의 점을 나타내는 모든 수) 집합보다 작다는 놀라운 사실을 증명했다. 칸토어는 이 둘의 사이에 있는 유의미한 무한은 없다고 생각했다. 이게 바로 '연속체 가설'이라는 문제다. 실수를 가리키는 또 다른 이름이 연속체이기 때문에 이렇게 불린다. 힐베르트는 연속체 가설을 증명하거나 반증하는 문제는 자신이 뽑은 중요한 문제의 첫 번째로 두었다. 칸토어와 다른 수학자들이 시도했다가 실패했지만, 곧 누군가가 결론을 내릴 수 있을 것만 같았다.

....

* 처음부터 참이라고 가정하는 기본 규칙과 명제

1930년대 후반 오스트리아 출신의 미국 논리학자로 고등과학원에서 아인슈타인과 가깝게 지냈던 쿠르트 괴델은 연속체 가설의 증명을 향한 중요한 발걸음으로 보이는 진전을 이루었다. 만약 그게 참이라고 가정하면 통상적으로 수학의 근간을 이룬다고 여겨지는 아홉 개의 공리 체계 – 이른바 체르멜로-프렝켈 집합론에 선택 공리를 더한 것(모두 합쳐서 ZFC라고 부른다) – 와 모순이 되지 않는다는 점을 보였던 것이다. 그러나 1963년 미국 수학자 폴 코헨Paul Cohen이 폭탄을 떨어뜨렸다. 코헨은 연속체 가설이 거짓이라고 정반대로 가정해도 ZFC와 무모순이라는 사실을 보였다. 즉, 코헨의 연구는 ZFC 체계 안에서 연속체 가설이 결정 불가능하다는 사실은 보였다. 괴델은 코헨에게 이렇게 편지를 썼다.

연속체 가설의 독립성에 대한 자네의 증명을 읽으니 정말로 기쁘네. 어느 모로 봐도 자네는 가능한 최고의 증명을 해냈고, 이건 자주 있는 일이 아니라고 생각하네. 자네의 증명을 읽는 건 내게 아주 훌륭한 연극을 볼 때와 비슷하게 기분이 좋아지는 효과가 있어.

그러나 연극은 끝나지 않았다. 연속체 가설이 '정말로' 참인지 거짓인지를 놓고 논쟁은 계속 벌어지고 있다. 최종 분석에서는 어느 쪽이든 둘 중 하나여야 할 것 같기 때문이다. 이러니 저러니 해도 우리는 자연수의 무한, 그리고 (그보다 더 큰) 실수의 무한에 관해서도 확실하게 알고 있다. 그런데 어째서 이 둘 사이에 유의미한 무한이 있는지 없는지를 결정할 수 없는 걸까? 괴델 자신은 연속체 가설이 종국에는 참이거나 거짓이라는 사실이 밝혀질 게 분명하다고 주장했다. "오늘날 우리가 알고 있는 공리로는 결정 불가능하다는 것은 이들 공리가 현실을 완벽하게 기술하지 못하고 있다는 사실을 뜻할 뿐이다." 문제는 모두가 만족할 수 있을 정도로 이 문제를 해결하기 위해 ZFC를 확장하는 가장 합리적인 방법이 무엇이냐가 된다.

공리 체계의 확장

수학자라면 자유롭게 원하는 공리 체계를 만들 수 있다. 하지만 오로지 일관적이고, 우아하며, 가장 중요하게는 유용한 공리 체계만이 영향력이 큰 새로운 수학을 만드는 기반이 되어 널리 쓰일 수 있다. 폴 코헨은 강제법이라는 기법을 도입했다. 강제법은 수학적 우주의 크기를 확장하고 그로 인해 이전에는 결정 불가능했던 몇몇 문제를 해결할 수 있게 하는 방법이다. 2001년 하버드대학교의 탁월한 집합론 연구자인 미국 수학자 W. 휴 우딘W. Hugh Woodin은 ZFC에 새로운 강제법 공리를 추가하면 그 확장된 체계 안에서 연속체 가설이 거짓이 된다고 주장했다. 하지만 그 뒤에 방침을 바꾸었는데, 앞선 연구에 어떤 오류가 있었기 때문이 아니라 자신이 고안한, 더욱 강력하다고 생각하는, 내부 모형 공리 또는 'V=ultimate L'라고 하는 새로운 유형의 공리 때문이었다. 이 새로운 주장은 연속체 가설을 둘러싼 일부 철학적 문제를 궁극적으로 해결할 수 있는 정확한 수학 문제로 환원한다. 만약 이런 우딘의 도전이 성공적이라면, 칸토어의 오랜 추측은 실제로 참이고 자연수와 실수 사이에는 어떤 무한도 없다는 결과가 나오게 된다.

ZFC를 확장해 이 문제를 해결하려는 두 가지 주요 주장, 즉 강제법 공리와 내부 모형 공리 중에서 어떤 것이 승리할지는 두고 보아야 한다. 강제법 공리의 옹호자들은 그 방법이 수학의 기반을 전통적인 수학 분야에 더욱 유용하게 만드는 최고의 방법이라고 주장한다. 내부 모형 공리에 호의적인 이들은 비록 이것이 수학의 타 분야에 거의 영향을 끼치지 않는다고 해도, 연속체 가설을 증명해 혼란스러운 무한집합에 질서를 가져올 수 있다는 발상을 선호한다.

산술을 지탱하는 공리는 무모순인가

집합론의 첨단을 연구하는 수학자는 물리학으로 치면 우주론자나 입자물리학자와 비슷하다. 이들의 연구는 형이상학, 존재론과 겹치며, 성취하고자 하는 궁극적인 목표에 관해 질문을 던진다. 미지의 세계로 모험을 떠날 때, 수학자들은 그들의 탐구의 기반이 되는 공리의 목적을 결정하고 수학 자체의 심원한 본질을 마주해야 한다. 실용적인 편의를 위해 공리를 선택할지 아니면 세상의 순수한 진리에 가장 가깝기 때문에 선택할지, 무엇이 최선인지를 물어야 하는 것이다.

힐베르트의 두 번째 문제 역시 수학적 진리의 핵심과 지식의 한계를 건드린다. 산술을 지탱하는 공리가 무모순인지, 즉 서로 충돌하는 일이 생기지 않는지를 증명하라는 문제다. 우리 모두 익히 알고 있고, 학교에서 배우는 산술은 엄밀히 따지면 이탈리아 수학자 주세페 페아노 Giuseppe Peano 의 이름을 따 페아노 산술이라고 부른다. 1889년 페아노는 자연수에 관해 오늘날까지도 일반적으로 인정받는 기본 공리를 제안했다. 자연수에 대한 페아노의 완전한 체계는 아홉 가지 명제로 이루어져 있다. 그중 하나는 이른바 2차 논리라는 개념에 속한다. 페아노 산술은 덧셈과 뺄셈, 곱셈, 나눗셈과 관련된 평범한 산술을 구체적인 목적으로 삼는 약한 체계다. 페아노 산술에서 덧셈과 곱셈은 그대로 포함되며, 2차 논리의 공리는 1차 논리적 명제로 대체되어 있다. 힐베르트의 두 번째 문제는 사실 좀 더 폭넓은(2차 논리의) 개념에 관한 것이지만, 오늘날에는 흔히 페아노 산술의 무모순성을 증명할 수 있는지를 묻는 문제로 해석한다.

1931년 쿠르트 괴델은 두 가지 놀라운 정리를 발표해 수학 세계를 뒤흔들었다. 둘을 합친 괴델의 '불완전성 정리'는 페아노 산술과 같은 아무리 모순이 없는 강력한 공리 체계에서도 증명하거나 증명할 수 없는 명제가 항상 존재하며 그 체계 자체에 모순이 없다는 것이 그중 하나라는 사실을 밝혔다. 괴델이 힐베르트가 두 번째 문제에 더불어 수학의 근간을 명확하게 만들겠다는 힐베르트의 더욱 장대한 계획에 품은 희망을 꺾어 놓은 듯했다. 괴델의 불완전성 정리에 흠이 있다는 사실이 드러날 가능성은 없었다. 그건 언제나 참이었다. 불완전성 정리는 진리라는 개념이 증명보다 더욱 강력하다는 점을 확실히 했는데, 그건 수학자가 미치고 팔짝 뛸 노릇이었다. 하지만 이야기는 거기서 끝나지 않는다. 1936년 독일 수리논리학자 게르하르트 겐첸 Gerhard Gentzen은 페아노 산술의 무모순성을 증명하는 데 성공했다. 그 자체는 일반적으로 무모순적이라고 합의가 되어 있지만 그 무모순성을 증명하려면 여전히 더욱 강력한 체계가 필요한 다른, 좀 더 폭넓은 공리 체계를 이용해서 한 일이었다. 계속 그랬다. 어떤 공리 체계의 무모순성을 증명하려면 언제나 그보다 더 큰 수학적 우주를 확립해야 했다. 힐베르트의 두 번째 문제와 관련해서는 첫 번째 문제와 마찬가지로 두 진영(괴델파와 겐첸파)이 있다.

1943년에 세상을 떠난 힐베르트도 이런 혼란과 철학적 견해 차이를 잘 알고 괴로워했을 것이다. 첫 번째와 두 번째 문제의 어중간한 상태는 수학에 대한 힐베르트의 전반적인 태도에 어깃장을 놓았다. 힐베르트는 모든 문제가 궁극적으로 풀릴 수 있다고 생각했다. 단지 시간문제였을 뿐이다. 1930년 독일 과학자 및 의사 협회에서 한 은퇴 연설에서 힐베르트가 남긴 말은 유명하다. "Wir müssen wissen. Wir werden wissen(우리는 알아야만 합니다. 우리는 알아낼 것입니다)." 이 말은 그대로 힐베르트의 묘비에 적혀 있다.

리만 가설은 증명이 되었습니까

23가지 문제 중 가장 해결되는 모습을 보고자 했던 문제가 무엇인지에 대해서 힐베르트는 명확했다. "만약 내가 1000년 동안 잠을 자고 나서 깨어난다면, 내 첫 번째 질문은 이것이 될 것이다. 리만 가설은 증명이 되었습니까?" 또 다른 독일 수학자 베른하르트 리만Bernhard Riemann의 이름이 붙은 이 문제는 힐베르트의 목록에서 여덟 번째에 올라 있으며, 수학 전체에서 가장 중요한 미해결 문제로 꼽힌다.

리만 가설은 소수의 분포와 관련이 있다. 소수는 1보다 크며 자신보다 작은 두 수의 곱으로 나타낼 수 없는 자연수를 말한다. 소수 하나하나가 나타나는 데는 어떤 패턴이나 예측성이 없지만, 덩어리로 보면 분포에 질서가 있다. 그러면 이런 질문이 떠오르는 것도 이치에 맞다. 어떤 자연수 N이 있을 때 N보다 작은 소수는 몇 개 있을까?

1859년에 발표한 여덟 쪽짜리 짧은 논문에서 리만은 이 질문에 대해 (리만의 추측이 옳다고 할 때) 이론적으로 가능한 가장 정확한 답을 내놓았다. 이 논문은 리만이 이 분야에 대해 발표한 유일한 논문이었다. 간단히 설명하자면, 리만은 N보다 작은 소수의 수는 리만 제타 함수 $\zeta(s)$로 불리게 된 식의 '흥미로운' 혹은 '자명하지 않은' 해와 긴밀한 연관이 있다고 말했다. 해는 이 함수를 0으로 만드는 s의 값을 말한다. 몇몇 해는 찾기 쉽다. s가 음의 짝수일 때가 그런데, 이들은 '자명한' 해로 취급받는다.

리만 가설의 주장은 다른 모든 해(흥미로운 해)가 복소평면에 있는 한 직선 위에 정확히 놓인다는 것이다. 복소평면은 우리가 x축과 y축을 이용해 그래프를 그릴 때 쓰는 평범한 평면과 같지만, 수평축이 실수를, 수직축이 허수(-1의 제곱근의 배수)를 나타낸다는 점이 다르다. 리만 가설은 리만 제타 함수의 모든 흥미로운 해가 이러한 복소평면 위에서 실수축 값 1/2를 지나가는 수직선 위에 온다는 주장이다. 리만 제타 함수의 해가 오는 위치는 소수가 얼마나 자주 나타나는지와 깊은 관련이 있다. 실제로 리만 가설이 참이라고 가정하면 리만 제타 함수의 흥미로운 해를 기초로 N보다 작은 소수가 몇 개인지를 나타내는 식을 쓰는 게 가능하다.

소수의 분포에 빛을 비추어 주는 역할 외에도 리만 가설은 수도 없이 다른 모습으로 관련이 없어 보이는 영역에 불쑥 나타난다는 점에서 중요하다. "리만 가설을 가정하면…"은 수많은 정리를 시작하는 문구다. 만약 리만 가설이 증명된다면, 이런 정리는 곧바로 옳다는 사실이 증명된다. 반대로 리만 가설의 예외가 단 하나라도 나타난다면, 수학은 혼돈에 빠지게 된다. 지금까지 컴퓨터로 자명하지 않은 영점을 앞에서부터 1조 개 이상 확인했는데, 예외는 찾아내지 못했다. 모두 리만이 예측한 대로 그 중요한 직선 위에 흔들림 없이 놓여 있었다.

다른 과학 분야에서였다면 그 정도 증거만으로 충분히 단순 가설에서 완전한 이론으로 승격했을 것이다. 하지만 수학에서는 그렇지 않다. 그럴 만한 이유가 있다. 1800년대 중반 카를 가우스가 제시한 소수에 관한 또 다른 추측은 1914년에 영국 수학자 존 리틀우드John Littlewood가 반증했는데, 성립하지 않는 사례가 스큐스 수Skewes' number라는 $10^{10^{10^{34}}}$라는 환상적일 정도로 큰 수를 지나고 나서야 나왔다. 그 뒤로 성립하지 않기 시작하는 지점이 1.4×10^{316} 정도로 줄어들었지만, 여전히 어떤 추측이 천문학적으로 큰 수까지도 잘 성립하다가 놀랍게도 갑자기 무너질 수 있다는 사실을 잘 보여주는 사례다. 리만 가설도 이렇게 되리라고 예상하는 사람은 사실 없지만, 수학자는 논쟁의 여지가 없는 증명이나 반증을 손에 넣기 전까지는 만족하지 못한다.

유일하게 해결된 클레이 밀레니엄 문제

리만 가설은 힐베르트의 목록과 정확히 한 세기 뒤인 2000년에 클레이 수학 연구소가 선정한 또 다른 목록에 함께 올라 있는 유일한 문제다. 이 새로운 목록의 유명세는 주최자의 명성뿐만 아니라 목록의 일곱 가지 문제 중 어느 하나라도 처음으로 검증할 수 있는 해답을 내놓는 사람에게 상금 100만 달러를 준다는 사실 때문이기도 하다. 지금까지 클레이 연구소의 밀레니엄 문제 중에서는 푸앵카레 추측 단 하나만 풀렸다. 하지만 우승자는 윤리적인 이유로 후한 금전적 보상을 거절했다.

프랑스의 수학자이자 이론물리학자 앙리 푸앵카레의 이름이 붙은 푸앵카레 추측은 위상수학 의 명제다. 20세기 초 푸앵카레는 구나 원환(도넛 모양)의 표면처럼 유한하고 경계가 없는 곡면 위의 고리에 뭔가 있다는 사실을 알아챘다. 고리를 원처럼 출발점과 도착점이 똑같은 곡선으로 생각하자. 푸앵카레는 2차원 곡면에 관한 한 오로지 구 위에서만 고리가 곡면 위에 머무른 채로 작아지다가 점이 될 수 있다는 사실을 깨닫고 이를 증명했다. 예를 들어, 원환의 경우 구멍을 둘러싸는 고리는 축소하려 하면 원

....
* 구부리거나 비틀어서 모양을 바꾸어도 변하지 않는 수학적 대상의 성질을 연구하는 분야

환의 표면 안쪽으로 들어가게 된다. 푸앵카레는 고리와 구에 관한 이 결론을 고차원으로 일반화할 수 있다고 주장했다. 곡면(정의에 따라 2차원이다)을 고차원으로 일반화한 것을 다양체라고 부른다. 푸앵카레는 3차원 초구(평범한 구에 상응하는 4차원 도형)가 모든 고리를 수축할 수 있는 유일한 다양체로 보인다는 사실을 알아냈다. 하지만 이번에는 증명하지 못했고, 이는 푸앵카레 추측으로 불리게 되었다. 그렇지만 푸앵카레는 거기서 그치지 않고 일반화된 푸앵카레 추측을 제안했다. 고차원의 구에서만 모든 고리가 곡면을 벗어나지 않은 채로 수축할 수 있다는 내용이었다. 특이하게도 이 일반화한 추측은 3차원 초구에만 한정된 경우보다 더 진전이 쉽다는 사실이 드러났다. 1960년 미국 수학자 스티븐 스메일Stephen Smale이 5차원 이상에 대해서 증명하는 데 성공하면서 위상수학의 흥미로운 현상에 빛을 비추었다. 5차원 이상에 대해서 성립하는 일반적인 방법이 3차원이나 4차원에 대해서 성립하지 않는 일은 아주 흔하다. 이 놀라운 간극 때문에 4차원 이하의 위상수학을 저차원 위상수학, 5차원 이상을 고차원 위상수학이라고 부르며, 둘은 흔히 다른 기법을 쓴다.

1982년 미국 수학자 마이클 프리드먼Michael Freedman은 4차원에 대해 일반화한 푸앵카레 추측을 푸는 데 성공했다. 이제 일반화한 추측은 원래대로 3차원에 대한 명제로 환원된 셈이었다. 그러나 이 특정 유형의 푸앵카레 추측은 다른 고차원에 대해서보다 훨씬 더 풀기 어려웠다. 1982년 콜롬비아대학교의 수학과 교수 리처드 해밀턴Richard Hamilton이 이탈리아 기하학자 그레고리오 리치쿠르바스트로Gregorio Ricci-Curbastro의 연구에 기반한

'리치 흐름'이라는 형태로 중요한 진전을 이루었다. 몇몇 특수한 경우를 제외하고는 증명할 수 없었지만, 리치 흐름이 푸앵카레 추측을 완전히 풀어낼 열쇠라는 사실은 드러났다.

2002년과 2003년 러시아 수학자 그리고리 페렐만Grigori Perelman은 리치 흐름이 푸앵카레 추측 전체를 증명하는 데 쓰일 수 있는 방법을 보여주는 논문 세 편을 발표했다. 그의 증명에는 허점이 많았지만, 페르마의 마지막 정리와 비하면 미미한 것이어서 페렐만이 설명한 기법을 이용하면 보완할 수 있었다. 2006년 중국 수학자 차오화이둥Cao Huai-Dong과 주시핑Zhu Xi-Ping이 페렐만의 증명을 검증한 논문을 발표했지만, 자신들이 직접 증명했다는 식으로 이야기해서 나중에 논문을 철회하고 페렐만의 증명이었음을 확실히 해야 했다. 이 성과를 인정받은 페렐만은 수학계의 노벨상이라 할 수 있는 필즈 메달을 받았다. 그러나 페렐만은 수상을 거부했고, 클레이 밀레니엄 문제의 100만 달러 상금 역시 거절했다. 자신의 성과가 가져온 명성이 싫었고, 자신과 동등하다고 생각하는 해밀턴의 기여가 인정받지 못한 게 불공평하다고 생각했다. 결코 주목을 원하던 사람이 아니었던 페렐만은 갈수록 더 은거했고 오늘날에도 행적이나 활동이 수수께끼와 같다.

물리학과 연관된 두 가지 클레이 밀레니엄 문제

다른 클레이 밀레니엄 문제 중 둘은 수학과 물리학 사이의 밀접한 연결고리를 보여준다. 하나는 양-밀스 질량 간극 가설로,

아주 작은 세계, 고전 물리학이 기이한 논리와 양자역학에 자리를 내어주는 영역과 관련이 있다. 1954년 브룩헤이븐 국립연구소에서 연구실을 함께 쓰던 중국 물리학자 양전닝Yang Chen Ning과 미국 물리학자 로버트 밀스Robert Mills는 핵 안에서 양성자와 중성자를 함께 묶어놓는 강력의 행동을 설명하기 위한 이론을 떠올렸다. 양-밀스 이론은 전자기력과 약력을 포함해 아원자 입자가 상호작용하는 다른 방식에도 확장할 수 있으며, 현대화된 이론은 우주의 근본 입자를 이해하는 최고의 이론적 틀인 이른바 표준 모형을 뒷받침한다. 이 밀레니엄 문제의 앞부분은 현실 세계에 존재할 수 있는 수학적으로 엄밀한 양자 양-밀스 이론을 찾아내는 것이다. 두 번째 부분은 이 이론의 '질량 간극', 즉 이론에서 예측하는 입자의 최소 질량을 찾아내는 것이다. 표준 모형에서 질량 간극은 글루온(핵 안에서 쿼크들이 서로 붙어 있게 한다는 뜻이다)으로 이루어진 이론적 입자인 글루볼의 질량이다. 글루볼은 아직 관측하지 못했다.

물리학과 관련된 두 번째 밀레니엄 문제는 케케묵은 나비에-스토크스 방정식이다. 프랑스 공학자 클로드-루이 나비에Claude-Louis Navier와 영국의 물리학자이자 수학자인 조지 스토크스George Stokes의 이름이 붙은 이 방정식은 압력과 중력 같은 외부 힘을 고려한 유체의 움직임을 설명한다. 언뜻 유체는 이 방정식에 따라 움직이는 것 같지만, 암초가 하나 있다. 이 방정식에 해가 있는지를 우리가 아직 모른다는 점이다! 유체가 완전히 혼돈 상태가 되어 수학적으로 분석하기에 극도로 복잡해지는 난류가 큰 문제다. 유체가 유한한 시간 동안에는 합리적으

더 기묘한 수학색

과학자는 풍동 실험을 통해 물체 주변에서 공기의 흐름을 연구할 수 있다. 그러나 난류가 끼어들면 방정식으로 현실을 모형화하는 게 불가능에 가까울 정도로 어려워진다.

로 행동하다가 갑자기 폭발하듯이 유한한 시간에 무한한 거리에 도달하는 상황인 '유한 시간 폭발'에 대한 답은 갖고 있다. 우리에게 정말 필요한 건 폭발이 아니라 모든 시간에 걸쳐 지속되는 해다. 그리고 우리는 그게 가능한지 불가능한지 모른다. 일단 해를 찾을 수 있다면 나비에-스토크스 문제는 다음으로 그 해가 '부드러운'지를 묻게 된다. 다시 말해, 유체의 성질에 급작스럽고 변칙적인 변화가 없냐는 것이다.

그러면 현실에서 유체는 어떻게 사실적으로 행동하는 걸까? 실제로는 유체가 갑자기 폭발하는 일이 없는데 어떻게 나비에-스토크스 방정식의 해가 없을 수 있을까? 여타 수학 공식과 마찬가지로 답은 이렇다. 나비에-스토크스 방정식은 현실 세계의 근사일 뿐이다. 실제로 유체는 완전히 연속적이지 않다. 어느 정도 수준으로 내려가면 유체는 개별 분자로 이루어져 있다. 나비에-스토크스 방정식은 이론적으로 완벽히 연속적인 유체만을 다룬다. 그러나 한편으로는 우리가 일상적으로 겪는 현상인 난류에 관해 우리가 이해하는 게 얼마나 적은지를 보여준다. 한 일화에 따르면, 베르너 하이젠베르크는 신에게 물어볼 수 있다면 무엇을 물어보겠냐는 질문에 이렇게 대답했다. "신을 만난다면, 나는 두 가지를 물어볼 것이다. 왜 상대성인가? 그리고 왜 난류인가? 난 신이 첫 번째 질문에는 대답할 수 있을 거라고 굳게 믿는다."

14장

다른 수학도 있을까?

나는 수학이 인간적이지 않고 이 행성이나 우연히 태어난 우주 전체와
도 특별한 관계가 없기 때문에 수학을 좋아한다. 왜냐하면, 스피노자의
신처럼, 수학은 우리에게 사랑을 되돌려주지 않을 테니까.

- 버트런드 러셀

♣

만약 우주에 다른 지적 종족이 있다면, 그들의 기하학과 대수학은 우리의 것과 똑같을까? 만약 인류의 역사를 처음부터 다시 시작한다면, 필연적으로 똑같은 방식으로 수학을 다시 하게 될까? 수학 중에서 얼마나 많은 부분이 현실의 일부이며, 타협 불가능하고, 단지 발견되기만을 기다리고 있을까? 그리고 얼마나 많은 부분이 우리의 발명품이며 선택일까?

셈이라는 발명

인류학에서는 우리가 10을 기반으로 하는 수 체계, 10진법을 사용하게 된 이유가 손가락 10개로 수를 세기 때문이라고 추측한다. 즉, 10이 우리에게 '우수리 없이 딱 떨어지는 수'로 보이는 건 단지 해부학적 우연이라는 것이다. 만약 우리 손가락이 여덟 개로 진화했다면, 우리는 아마 8을 단위로 세는 8진법을 사용했을 것이다. 캘리포니아에 살았던 유키족과 멕시코에서 파메안 어를 말했던 사람들은 8진법을 사용했는데, 손가락이 아니라 손가락 사이의 틈으로 수를 셌기 때문이다. 아마 문어도 수학을 할 정도로 진화했다면 8진법을 선택했을 것이다. 마야와 중앙 아메리카의 다른 콜롬비아 이전 문화권에서는 20진법을 사용했다. 어쩌면 손가락과 발가락을 모두 사용해서 셌기 때문일지도 모른다.

레서판다와 두더지 같은 일부 동물은 한쪽 발에 발가락이 여섯 개 있다. 비록 여분의 발가락 하나는 사실 요골종자골*이 변형된 것이지만. 손가락이 여섯 개라면 우리는 아마 12를 단위로 셌을 것이며, 숫자도 몇 개 더 있었을 것이다. 예를 들어, 1, 2, 3, 4, 5, 6, 7, 8, 9, Ɛ, ◇처럼. 이런 경우에는 12진법이 자연스럽고, 10진법은 낯설고 이상해 보일 것이다.

12진법 협회 회원들은 우리가 계산이 훨씬 더 쉬워지는 12진법으로 바꾸어야 한다고 주장한다. 12는 약수(1과 자기 자신을 뺀)가 2, 3, 4, 6으로 여러 개지만, 10은 2와 5밖에 없다는 이유에서다. 12시간을 나타내는 시계도 보기 더 쉬워진다. 예를 들어, 2시 5분은 2와 12분의 1시가 되며 2;1시로 나타낼 수 있다. 여기서 ;는 10진법의 소수점에 해당하는 12진법 기호다. 2시 10분은

....

* 손목에 있는 뼈 중 하나

2;2시가 되고, 2시 15분은 2;3시 등이 된다.

수를 셀 때는 10진법 수 체계를 사용하지만, 우리는 무게와 거리, 시간, 온도 등 다른 양을 측정하기 위해 매우 다양한 단위를 고안했다. 1950~1960년대에 영국에서 자란 사람이라면 0.5페니(그리고 1960년까지는 4분의 1페니인 파팅이 있었다)뿐만 아니라 12페니인 1실링, 20실링인 1파운드가 있는 화폐 체계로 산수를 해야 했던 기억이 있을 것이다. 1971년 2월 15일 영국이 10진법을 채택하면서 학교 수학 시간이 훨씬 간단해졌다. 많은 국가는 화폐 체계뿐만 아니라 길이나 질량, 온도 같은 다른 양을 측정하는 단위에도 10진법을 채택했다. 일부 지역, 특히 미국과 영국에서는 100cm를 1m로, 1,000m를 1km로 두는 것보다 12인치를 1피트로, 5,280피트를 1마일로 계산하는 게 훨씬 복잡함에도 불구하고 파운드나 갤런, 피트, 마일 같은 옛 단위를 계속 널리 쓰고 있다. 하지만 당연하게도, 여러 가지 단위 체계가 있다고 해도 그 바탕이 되는 수학, 즉 이런 단위를 가지고 계산하는 방법을 관장하는 산술 규칙은 어떤 경우에도 똑같다.

상수는 변하지 않는다

거리를 피트나 인치로 재든 m나 cm로 재든 그건 선택의 문제지만, 만약 원의 둘레를 지름으로 나눈다고 하면 언제나 똑같은 값이 나온다. 10진법에서 이 값은 3.14159…다. 8진법으로 바꾸면 3.11037…, 3진법으로는 10.01021…, 16진법으로는 3.243F6…(16진법에서 F는 10진법의 15를 나타낸다) 등이 된다. 그건 수학의 우주에서 바뀌지 않는 존재다. 따라서 만약 은하계 저편의 한 행성에 지적 종족이 있다고 하면, 그들도 우리가 파이라고 부르는 이 상수를 알고 있을 것이다. 그리고 어떤 수 체계에서든 파이를 나타내는 기호는 완전히 다르겠지만, 값 자체는 똑같을 것이다.

파이가 변하지 않는 현실이라는 우리가 좌지우지할 방법이 없는 사실에도 불구하고 파이를 법으로 재정의하려는 시도가 있었다. 1897년 아마추어 수학자 에드워드 J. 굿윈Edward J. Goodwin은 인디애나 주 입법부를 설득해 '교육에 이바지할 수 있는… 새로운 수학적 진리'라는 법안을 통과시키려고 했다. 다른 많은 괴짜처럼 굿윈은 '원과 넓이가 같은 정사각형 작도하기'(앞 장에서 다루었다)라는 고전 기하학 문제의 해법을 찾아냈다고 확신하고 주의 법률로 공식적인 인정을 받으려고 혈안이 되어 있었다. 이 법의 한 가지 효력은 파이를 법적으로(이곳 미국 중서부 지역에서는) 3.2로 만드는 것이었다. 원과 넓이가 같은 정사각형의 작도가 불가능하다는 게 1882년에 확고하게 증명되었다는 사실은 굿윈에게 걸림돌이 되지 못했다. 게다가 린데만-바이어슈트라스 정리(그 문제를 최종적으로 반증할 때 쓰였다)를 잘 아는 사람이 없었던 게 분명한 인디애나 주 하원은 기꺼이 그 법안을 통과시켰다. 다행히 행운이 따르면서 그게 법률이 되는 일은 생기지 않았다. 상원에서 그 법안에 대해 투표하기 직전에 퍼듀 대학교의 수학자 크레런스 왈도Clarence Waldo 교수가 때마침 그곳을 방문했던 것이다. 왈도 교수는 굿윈의 논리에 허점이 있으며 수학적 사실에 반하는 법을 만드는 게 어리석은 일이라는 사실을 여러 상원의원에게 알려 법안이 통과되지 못하게 막았다.

파이는 칼 세이건Carl Sagan의 소설 『콘택트』의 말미에 다른 맥락으로 등장한다. 하지만 이번에도 이 상수의 값을 간섭할 수 있다는 가능성에 관심을 기울이는 방식으로 말이다. 고도로 발전한 외계인의 신호를 발견한 세티Search for Extra-Terrestrial Intelligence: SETI 연구자 엘리 애로웨이는 마지막에 파이의 자릿수 속에 암호로 들어있는 메시지에 관한 이야기를 듣는다. 그리고 컴퓨터 프로그램을 이용해 11진법으로 1해 자리쯤부터 시작하는 메시지를 찾아낸다. 아무렇게나 이어지던 파이의 자릿수가 갑자기 1과 0의 긴 수열로 변하는 것이다. 이 수열의 길이는 두 소수의 곱이다. 엘리가 이들 수를 이용해 화면의 크기를 정하고 점을 찍어 그리자(1은 밝은 점으로, 0은 어두운 점으로) 아주 익숙한 도형이 나타난다. 바로 원이다! 원의 지름에 대한 원의 둘레의 비율을 나타내는 상수 속에 원 그림이 암호로 담겨 있었던 것이다. 이건 아마도 우주의 기원부터 존재했을, 믿을 수 없을 정도로 발전한 지성이 자연의 법칙을 건드려 파이 속에 메시지를 숨겨놓았고, 그걸 발견할 수 있을 정도로 충분히 진화한 존재에게 전달하려 했음을 암시한다.

세이건의 이야기는 흥미롭지만, 한 가지 허점이 있다. 파이가 물리 상수가 아니라 수학 상수라는 점이다. 이론상으로는 시공간을 기하학적으로 바꾸어 원의 지름에 대한 둘레의 비율을 정확하게 측정했을 때 다른 값이 나오게 할 수 있다. 실제로 우리는 비유클리드 공간인 우주에 산다. 국지적으로나 천문학적인 거리에서나 시공간이 휘어 있기 때문이다. 그러나 파이 값은 실

제 우주에서 둘레와 지름을 측정해서 정하는 게 아니다. 파이는 유클리드 기하학이 적용되는 완벽하게 수학적으로 평평한 공간 속에 있는 원에 대한 그 유일무이한 비율을 말한다. 또, 파이는 특정 무한급수의 합처럼(3장에서 살펴보았듯이) 원과 무관해 보이는 수학 분야에서도 등장한다. 어쩌면 세이건은 파이에 메시지를 삽입한 초지성이 수학 자체에서 끌어낸 상수를 조작할 수 있을 정도로 우리의 이해를 아득히 초월했다는 이야기를 하고 싶었을지도 모른다. 그러면 실제 종교에서 말하는 신과 같다고 하지 않아도(세이건은 무신론자였다) 신적인 능력을 지닌 지성이 존재할지도 모른다고 이야기할 수 있다. 하지만 아무리 신이라고 해도 논리 규칙은 따라야 한다. 그리고 다른 물리 법칙과 상수가 적용되는 다른 우주를 상상하는 건 쉬워도 수학의 근본적인 성질에 손을 댈 수 있다는 건 상상하기 어렵다.

말이 나왔으니 말인데 한 가지 예외가 있을지도 모른다. 만약 우리가 사는 우주가 보기와 다르다면 어떨까? 만약 우주가 물리적인 공간과 시간, 물질과 에너지로 이루어진 게 아니라 단지 시뮬레이션이라면? 최근 철학자, 심지어는 일부 과학자도 이 혼란스러운 시나리오에 관해 많은 이야기를 하고 있다. 오늘날의 빠른 컴퓨터와 정교한 소프트웨어는 이미 시뮬레이션 세상을 생성할 수 있고, 우리는 아바타를 이용해 현실적이지만 전적으로 가상인 풍경을 돌아다니며 상호작용할 수 있다. 이런 비디오 게임 속의 시뮬레이션 세상은 플레이어에게 진기하고 신나는 경험을 안겨주기 위해 고안한 서로 다른 규칙들을 따른다. 그렇지만 그 규칙들은 일관적이며 전체 체계 안에서 이치에 맞는다.

몰입 기술이 발전하고 신경 인터페이스 같은 장치가 더 효율적이고 쉽게 사용할 수 있게 되면 우리는 몇 시간씩 가상 세계로 사라질 수 있게 될 것이다. 전적으로 컴퓨터를 이용해 만든 이 세계는 현실 그 자체만큼이나 진짜 같고 그럴듯해 보일 것이다. 하지만 '현실 그 자체'가 시뮬레이션이고 우리 자신과 우리 주변의 모든 것이 엄청나게 빠르고 강력한 외계인의 컴퓨터에서 돌아가는 부산물이라면? 외부에서 우리와 우리가 사는 가공의 우주를 조작하는 데는 한계가 없을 것이다. 파이 같은 무리수에 패턴이나 메시지를 집어넣는 것도 충분히 가능하다. 그런 상수 값은 시뮬레이션의 일부이며 외부의 의지로 제어할 수 있을 것이기 때문이다. 한편 우리가 받아들이는 물리 법칙과 수학이라는 변하지 않는 이상적인 영역은 둘 다 상상하기 어려울 정도로 강력한 모종의 컴퓨터 프로그램이 임의로 만든 것일 수도 있다.

그러나 우리가 어떤 정교한 환상 속의 멋모르는 디지털 존재가 아니라 정말로 물리적인 우주의 피와 살이 있어 실제로 존재한다고 가정하면, 수학은 얼마나 달라질 수 있을까? 우리가 문명의 시작으로 돌아가 다른 환경과 다른 중심인물을 가지고 역사를 다시 돌린다고 해보자. 당연히 발견 순서나 장소, 시간은 달라질 것이다. 그리고 우리의 시간대와 비교해 어떤 수학 분야는 좀 더 발전하고 어떤 분야는 좀 덜 발전하기도 할 것이다. 어쩌면 그리스인이 대수학을 발명하고 기하학에는 별로 관심을 두지 않았을지도 모른다. 집합론과 무한에 대한 칸토어의 연구를 르네상스 시대 유럽이나 고대 인도의 어떤 천재가 떠올렸을지도 모른다.

그런 변동이 수학의 모습을 어떻게 바꾸어 놓았을지는 1960년대 미국의 초등학교에서 수학을 가르치는 방식이 짧게나마 크게 바뀌었던 사례를 통해 엿볼 수 있을지도 모른다. 소련이 1957년 스푸트니크 1호를 발사하며 우주 경쟁에서 충격을 안겨 준 사건 이후 과학과 수학 역량을 높이려는 시도로 미국은 이른바 '신수학'을 도입했다. 갑자기 아이들은 전통적인 산술이 아닌 모듈러 산술(특정 수에 도달하면 수가 다시 처음으로 돌아온다), 10진법 이외의 진법, 기호 논리, 불 대수를 배워야 했다. 그런 개념은 구구단과 덧셈을 배우는 데 익숙한 어린 학생뿐만 아니라 교사와 학부모에게도 당황스러웠다. 실제로 많은 학부모가 숙제를 도와줄 수 있을까 싶어 아들딸의 교실에 앉아서 수업을 듣기 시작했다.

신수학은 기술, 특히 전자공학과 컴퓨터 분야의 진보를 앞당겨 소련을 이기는 세대가 나오기를 바라는 기대에서 벌인 일이었다. 하지만 이 계획은 가장 큰 약점이 곧 명확해졌는데, 바로 아이들이 완전히 낯선 추상적 주제와 방법으로 훌쩍 건너 뛰어와야 한다는 점이었다. 미국의 수학자로 폭넓게 쓰이는 교과서 몇 권을 집필한 조지 시몬스George Simmons는 신수학이 "교환법칙은 들어봤어도 구구단은 모르는" 학생을 양산하고 있다고 기록했다.

신수학은 실패한 교육 실험으로 곧 폐기되었다. 그러나 완전히 새로운 방법으로 나타낼 때 수학이 얼마나 다른 모습이 될 수 있는지를 보여주는 흥미로운 사례가 되었다. 게다가 신수학이 계획대로 되지 않았다고 해서 어린 학생이 보통 나이를 더 먹어서야 접할 수 있는 개념을 흡수할 수 없다는 뜻은 아니다. 우리 중 한 사람(데이비드)은 수십 년 동안 5~18세의 어린이와 청소년을 개인 지도해 왔는데, 초등학교에 갓 입학한 어린이라고 해도 쉬운 말로 흥미롭고 재미있게 소개하면 무한이나 고차원, 특이한 기하(면이 하나뿐인 뫼비우스 띠와 같은) 같은 개념을 이해할 수 있다는 사실을 알 수 있었다. 사실 데이비드는 어린 시절부터 4차원이나 초한수 같은 기이한 개념을 가지고 놀게 해주면 누구라도 그런 개념을 깊이 있고 직관적으로 이해할 수 있다고 확신한다. 그건 언어와 매우 비슷하다. 가령 두 가지 언어에 노출된 환경에서 자란 어린이는 영어와 스페인어를 흡수하고 유창하게 말하는 데 어려움이 없다. 반면, 청소년이나 성인이 되어서 외국어를 배우면 보통 그보다 훨씬 더 힘들다.

따라서 역사가 어떤 방향으로 흐르는지에 따라 수학이 아주 많이 달라질 수 있다는 건 분명하다. 우리가 수 대신 도형으로 생각하거나 (신수학이 의도했던 것처럼) 평범한 산술과 대수학보다 집합론을 더 편안하게 여기게 되었을 수도 있다. 우리 지구와는 완전히 다른 생명체가 진화한 세계에서는 그런 차이가 훨씬 커질 수도 있다.

다른 환경에서는 다른 수학이 발전했을까

폴란드 작가 스타니스와프 렘Stanislaw Lem은 1961년 작 소설 『솔라리스』에서 생각하는 바다, 그러니까 행성 규모의 단일 지성체가 있는 행성을 상상했다. 이 바다는 우주선을 탄 채로 의사소통을 시도하는 인간 탐험가들에게 극도로 이질적이어서 의미 있는 대화를 나누어 보려는 시도는 모조리 실패한다. 그런 존재는 과연 어떤 수학을 만들었을까? 다른 개인이나 다른 물체라는 개념이 없는 환경에서 사는 생명체이니 적어도 우리가 그랬던 것처럼 자연수를 이용해 수를 세거나 간단한 계산을 하는 방향으로 가지는 않았을 가능성이 있다. 그런 존재는 단절된 개체보다 연속적인 양이라는 관점에서 생각할 가능성이 훨씬 더 크다. 어쩌면 부드럽게 이어지는 함수를 먼저 개발한 뒤 한참 뒤에야 자연수와 자연수를 이용하는 방법을 알아냈을지도 모른다. 이처럼 행성 규모의 단일 생명체가 실제로 어딘가에 존재하는지는 알 수 없다. 하지만 그런 가능성을 생각하는 것만으로도 다른 환경에서는 수학이 완전히 다른 방향으로 발전했을 수 있다는 점을 떠올릴 수 있다. 수학이 어디서나 정수와 유클리드 기하학처럼 우리가 기초라고 여기는 개념부터 시작해야 할 이유는 없다. 외계인의 수학은 정말 특이하게 보일 수도 있다. 그렇지만 인간이 탐구하고 확립한 수학의 일부분은 우주의 다른 지적 종족이 찾아내 연구한 부분과 정확하게 부합해야 한다. 우리의 예술, 음악, 언어, 기술은 완전히 다를 수 있어도 수학의 근본은 어디서나 똑같아야 한다.

커다란 차이를 볼 수 있을만한 곳은 수학 체계의 바탕을 이루는 기본적인 가정이다. 공리라고 하는 이런 기본적인 가정은 우리의 모든 정리와 증명이 놓여 있는 기반이다. 역사 시대가 열렸을 즈음 처음으로 수를 사용하고 도형과 면적 같은 것을 사용하는 경험적인 규칙을 만들기 시작한 사람들은 실용적인 관점에서 쓸모 있는 일을 했을 뿐이다. 우리가 아는 한 수학의 논리적인 기반에 관해 오랫동안 열심히 고민했던 첫 번째 인물은 기원전 300년경의 유클리드였다. 유클리드가 기하학에 관한 위대한 저서 『원론』에서 도달한 결과와 증명은 다섯 가지 공준(오늘날 우리가 공리라고 부르는 것과 거의 같다)과 유클리드가 '통념'이라고 부른 다섯 가지 명제를 바탕으로 하고 있다. 공준에는 어느 한 점에서 다른 한 점으로 직선을 그릴 수 있다는 내용과 모든 직각은 똑같다는 내용 등이 있다. 이들 공준은 평행선 공준으로 불리는 다섯 번째만 빼고 모두 명백하며 논란의 여지가 없어 보인다. 유클리드의 평행선 공준 명제는 비교적 장황하고 구체적으로 평행선을 언급하지 않지만, 대략 다음과 같다. "똑같은 한 직선에 평행한 두 직선은 자기들끼리도 평행이다."

고대 그리스인도 이 다섯 번째 공준을 다른 넷만큼 기꺼워하지 않았다. 다른 넷보다 좀 더 복잡하고 덜 자명했다. 유클리드가 맨 마지막으로 제시한 공준이라는 사실, 그리고 처음 28가지 정리를 유도하는 데 전혀 사용하지 않았다는 사실은 유클리드가 그것을 핵심적인 가정에 넣기에는 살짝 안전하지 않다고 느꼈다는 사실을 암시한다. 그러나 오늘날 우리가 유클리드 기하학이라고 부르는 자신의 기하학 체계에 진전이 있으려면 그게 필요하다는 사실은 인식했다. 오랜 시간 동안 많은 수학자가 다른 네 공준에서 다섯 번째 공준으로 유도하려고 했다가 전부 실패했다. 문제가 어디 있는지를 분명히 밝힌 첫 번째 인물은 독일 수학자 카를 가우스였다. 가우스는 불과 15세였을 때 유클리드 기하학의 기초를 연구하기 시작했지만, 평행선 공준이 다른 넷과 독립적이라고 확신하게 되기까지는 사반세기가 걸렸다. 그때부터 가우스는 다섯 번째 공준이 아예 없다고 할 때 그 결과가 어떻게 되는지를 연구했고, 그 과정에서 처음으로 새롭고 신기한 기하학을 엿보았다. 한 동료에게 쓴 편지에서 가우스는 이렇게 말했다.

이 기하학의 정리는 역설적으로 보이고, 잘 모르는 사람이라면 터무니없어 보일 거야. 하지만 차분하게 꾸준히 생각해보면 불가능할 게 전혀 없다는…

논란을 일으키려 하지 않았던 가우스는 말년에 출판을 고려하긴 했지만 끝내 자신의 발견을 발표하지 않았다. 비유클리드 기하학을 세상에 알리는 건 가우스의 친구인 헝가리 수학자 보여이 야노시Bolyai János와 러시아의 니콜라이 로바쳅스키Nikolai Lobachevsky를 비롯한 다른 이들의 몫이었다.

체계가 달라도 수학은 같다

유클리드가 만든 것이 아닌 다른 형태의 기하학이 존재한다고 해서 유클리드 기하학이 틀렸다는 건 아니다. 다른 공리 집합으로 출발하면 각각이 그 안에서 무모순인 여러 수학 체계를 만들 수 있다는 사실을 보여주는 것이다. 서로 모순이 되지만 않으면 우리는 자유롭게 원하는 공리를 선택한 뒤 이를 바탕으로 정리를 끌어내고 증명을 할 수 있다. 자연히 수학자는 일을 시작할 때 이치에 맞고 유용한 결과를 낼 수 있는 초기 가정을 선택하려고 노력한다. 20세기 초 독일 수학자 에른스트 체르멜로Ernst Zermelo와 독일 출신의 이스라엘 수학자 아브라함 프렝켈Abraham Fraenkel이 개발한 공리 집합은(여기에 선택 공리라는 것을 추가해서) 현재 수학에서 가장 보편적인 기반으로 받아들여지고 있다. 하지만 꼭 그것일 필요는 없다. 우리는 어떤 핵심 전제를 바탕으로도 수학을 만들어갈 수 있다.

수학에서 우리가 개발해낸 수많은 공리는 우리 인간의 직관과 맞물려 있다. 물리적인 경험이 우리 인간과 완전히 다른 지적 종족은 근본적으로 다른 공리로 출발해 아주 이질적으로 보이는 수학 체계를 만들어낼지도 모른다. 물론 만약 우리가 똑같은 외계인의 공리에서 출발하면 완전히 똑같은 외계 수학 체계에 도달하게 될 것이다. 우리가 이해하는 한 수학은 보편적이다. 어디 다른 곳에서는 아주 다른 경로를 따라 다른 순서로 발전했을 수는 있지만, 초기 가정과 규칙만 똑같다면 필연적으로 똑같은 이론과 결론에 도달할 수밖에 없다.

몇 년 전 인터넷에서 재미있는 이야기를 보았다. 대학교에서 타과생이 '호몰로지 대수학'이라는 수학과 강의에 관심이 있어 강의 계획서를 열었더니 "호몰로지 대수학에 대해서 배운다"라고 한 줄만 적혀 있었다는 내용이었다. 조교에게 좀 더 자세한 정보를 요청하자 조교는 호몰로지 대수학이 뭔지 이해하려면 강의를 들어야 한다고 대답했다. 그러자 이 학생은 대충 뭔지라도 알아야 들을지 말지 선택할 수 있지 않겠냐고 했는데, 조교는 끝끝내 "그걸 간단하게 설명할 수 있는 방법이 없다"라고 했다는 이야기다.

이 이야기가 기억에 남은 건 예전에 수학 잡지 만드는 일을 할 때 실제로 비슷한 일을 많이 겪어서다. 어떤 수학자가 상을 받은 업적이나 최근에 연구하는 주제를 설명하는 글을 써야 하는데, 어떻게 해도 설명하기 어려운 경우가 상당히 많았다. 이걸 설명하려면, 그 전에 무엇 무엇을 알아야 하고, 그걸 알려면 또…. 한도 끝도 없다.

그 어려움을 알다 보니 고급 수학을 대중에게 잘 전달하는 사람이라면 존경할 수밖에 없게 되었다. 이 책의 저자들 역시 그 일을 훌륭하게 해냈다. 물론 독자에 따라 내용이 좀 어렵게 느껴질 수 있다. 지극히 정상이다. 그건 바로 위와 같은 경우다. 쉽게 설명하는 것 자체가 애초에 어려운 것이다.

그럼에도 불구하고 이 책을 읽으면 수학의 기묘함을 충분히 느낄 수 있다. 수학은 확실히 기묘하다. 하나, 둘, 셋 하며 물건의 개수를 세는 간단하고 현실적인 일에서부터 시작된 것일 텐데, 지금은 상당 부분이 수학자의 머릿속에만 존재하는 추상적인 세계에 있다. 이 세계는 웬만큼 공부해서는 이해하기조차 어렵다.

흔히 수학이 실생활과 어떻게 관련되는지를 알아야 재미를 느낄 수 있다고 한다. 일리 있는 이야기지만, 수학 그 자체도 충분히 재미있다. 여느 과학 분야와 마찬가지로 수학도 끊임없이 새로운 발견이 이루어지는 분야이며, 오늘날 수학자의 머릿속에서 벌어지고 있는 일을 알아야 수학의 진정한 재미를 느낄 수 있다.

이 책은 기묘한 수학 세계의 훌륭한 맛보기와 같다. 흔히 이야기하는 쉽고 재미있는 수학부터 다른 과학 분야나 실생활의 여러 분야와 관련이 있는 수학, 나아가 머리가 어질어질해지는 고급 수학까지 골고루 다루고 있다. 이 책을 읽었다면 이제 수학이라는 기묘한 세계로 가는 문을 통과한 것이니 고개를 돌리지만 않는다면 앞으로 무궁무진한 놀라움이 기다리고 있을 것이다.

나름대로 수학 콘텐츠를 많이 다루어 보았다고 생각해 호기롭게 손에 잡았지만, 번역 과정이 쉽지는 않았다. 나 자신이 수학자가 아닌데다가 대중서라는 특성상 간단히 설명하기 어려운 내용이 축약되어 있다 보니 의미를 파악하기 곤란한 부분이 왕

왕 있었다. 그런 내용을 함께 읽고 설명해준 전도유망한 젊은 수학자 이석형, 이승재 박사에게 이 자리를 빌려 심심한 감사의 인사를 전한다.

2023년 봄,
고호관

WEIRDER MATHS: At the Edge of the Possible

David Darling and Agnijo Banerjee, 2019

First published in Great Britain and Australia by Oneworld Publications, 2019

All rights reserved

Korean translation rights arranged with ONE WORLD PUBLICATIONS through EYA (Eric Yang Agency)

더 기묘한 수학책

미로부터 퍼즐까지, 수학으로 세상의 별난 질문에 답하는 법

초판 1쇄 인쇄 2023년 2월 15일

초판 1쇄 발행 2023년 2월 23일

지은이   데이비드 달링, 아그니조 배너지

옮긴이   고호관

펴낸곳   (주)엠아이디미디어

펴낸이   최종현

기획   김동출

편집   최종현

총괄   유정훈

교정   윤동현

디자인   박명원

주소 서울특별시 마포구 신촌로 162, 1202호

전화 (02) 704-3448 팩스 02) 6351-3448

이메일 mid@bookmid.com 홈페이지 www.bookmid.com

등록 제2011—000250호

ISBN 979-11-90116-79-4